中等职业教育产教融合立体化系列教材

工业机器人应用技术简明教程

主　编◎李　健

副主编◎王宏亮　钟　明　黄　钞

参　编◎胡　俊　林　涛

U0251636

四川大学出版社

SICHUAN UNIVERSITY PRESS

项目策划：段悟吾　王小碧　宋彦博
责任编辑：宋彦博
责任校对：李畅炜
封面设计：墨创文化
责任印制：王　炜

图书在版编目（CIP）数据

工业机器人应用技术简明教程 / 李健主编．— 成都：
四川大学出版社，2022.6
ISBN 978-7-5690-5190-2

Ⅰ．①工… Ⅱ．①李… Ⅲ．①工业机器人－中等专业
学校－教材 Ⅳ．① TP242.2

中国版本图书馆 CIP 数据核字（2021）第 239068 号

书名　工业机器人应用技术简明教程

主　　编	李　健
出　　版	四川大学出版社
地　　址	成都市一环路南一段 24 号（610065）
发　　行	四川大学出版社
书　　号	ISBN 978-7-5690-5190-2
印前制作	四川胜翔数码印务设计有限公司
印　　刷	成都金龙印务有限责任公司
成品尺寸	185mm×260mm
印　　张	8.5
字　　数	203 千字
版　　次	2022 年 6 月第 1 版
印　　次	2022 年 6 月第 1 次印刷
定　　价	42.00 元

◆ 读者邮购本书，请与本社发行科联系。
　电话：（028）85408408/（028）85401670/
　（028）86408023　邮政编码：610065
◆ 本社图书如有印装质量问题，请寄回出版社调换。
◆ 网址：http://press.scu.edu.cn

四川大学出版社
微信公众号

前　言

《中国制造 2025》指出，制造业是国民经济的主体，是立国之本、兴国之器、强国之基。到 2025 年，我国制造业要实现"整体素质大幅提升，创新能力显著增强，全员劳动生产率明显提高，两化（工业化和信息化）融合迈上新台阶"。同时，制造业重点领域要全面实现智能化。这就要求我国在制造行业实现智能制造。随之而来的，是工业机器人在制造行业的应用需求激增。

工业机器人是集机械、电子、自动控制、计算机、传感器、人工智能等多学科先进技术于一体的机电一体化设备，被称为工业自动化的三大支持技术之一。随着工业机器人在我国制造行业的应用日益广泛，工业机器人应用技术课程在职业院校相关专业人才培养中的重要性也日渐突显。为此，我们编写了这本《工业机器人应用技术简明教程》。

本书根据职业教育的特点，分为工业机器人概述、工业机器人外围设备简介、那智（NACHI）工业机器人入门、工业机器人安装与维护四大模块，并以工业机器人的发展历史、生产企业、应用行业、附属机械与电气设备、基本参数设置、常规操作、安装与维护等为核心内容设计了 13 个学习任务。每个学习任务都对工业机器人的相关基础知识做了简要的介绍，并对需要重点掌握的知识点与技能点做了具体安排，简单明了，有助于初学者了解工业机器人的基础知识。

本书模块一、三、四由李健和钟明（成都艾博智机器人技术有限公司工程师）编写，模块二由黄钞和王宏亮编写。胡俊、林涛对全书文字做了校对。

在现代制造业转型升级的时期，知识更新不断加快，编者也在不断地学习与探索中。在编写过程中，我们参考了众多专家的成果，阅读了诸多前辈的文献，在此表示衷心感谢。尤其要感谢向我们提供技术支持的成都艾博智机器人技术有限公司。限于时间和水平，书中难免存在不足之处，恳请读者批评指正！

编者

2021 年 9 月

目　录

学习模块一　工业机器人概述

学习模块二　工业机器人常用外围设备简介

学习模块一 工业机器人概述

任务 1 认识工业机器人

【知识点】

了解工业机器人的发展历程和发展趋势，能够说出工业机器人的主要品牌和应用领域。

【技能点】

理解工业机器人的特点。

1.1 工业机器人的定义及特点

1.1.1 工业机器人的定义

工业机器人自问世以来，因其能帮助或替代人类完成频繁、重复、枯燥、长时间的工作，并可以在恶劣、危险的环境下作业，提高了工作效率，因此发展较快。随着人们对机器人的深入研究，机器人学已成为一门新兴的综合性学科。有研究人员将工业机器人技术与数控技术、PLC 技术并称为工业自动化的三大支持技术。

美国工业机器人协会将工业机器人定义为：一种用来搬运各种物料、零部件、工具或专用装置的，通过程序控制来执行各种任务，并具有编程能力的多功能操作机器。

日本工业机器人协会将工业机器人定义为：一种带有记忆装置和末端执行器的，能够完成各种移动来代替人类劳动的通用机器。

德国的有关标准将工业机器人定义为：具有多个自由度，能完成各种动作的自动机器；机器的动作由程序或传感器加以控制；具有执行器、工具及制造用的辅助工具，可以完成材料搬运和制造等操作。

国际标准化组织（ISO）将工业机器人定义为：一种能自动控制，可重复编程，多功能、多自由度的操作机，其能搬运材料、工件或操持工具，完成各种作业。如图 1-1 所示为瑞典 ABB 公司生产的双臂机器人 YuMi。

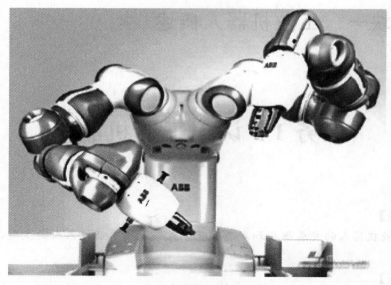

图 1-1　瑞典 ABB 双臂机器人 YuMi

1.1.2　工业机器人的特点

1.　拟人化

工业机器人具有类似人体各种器官的动作机构，在机械动作方面能完成行走、转腰、举手、抬手、翻腕、抓东西等动作。在控制系统方面，工业机器人有控制用的计算机。此外，智能化工业机器人还有许多类似人类感觉器官的传感器，如接触传感器、声音传感器、力传感器、视觉传感器等。

2.　可编程

生产制造中的自动化多依赖对机器的编程控制，如数控机床。随着自动化技术的发展，工业机器人也能够随着其工作条件的变化而进行程序的临时调整，因此它在各种高效率的生产制造过程中能发挥很好的作用，是现代柔性制造系统中的一个重要组成部分。

3.　通用性

除了针对特殊环境使用的特种工业机器人外，一般工业机器人在完成不同的工作任务时都具有较好的通用性。要完成不同的工作任务，仅需更换工业机器人手部末端操作器（手爪、工具等），改变程序即可。

4.　广泛性

工业机器人技术涉及的学科非常广泛，简单来说它是机械学和微电子学高度融通的产物。其应用也十分广泛，涉及生产制造的各个领域。

工业机器人的发展历史

1.2 工业机器人的发展历史

1.2.1 第一台工业机器人的诞生

1959 年，美国发明家德沃尔（George Devol）和恩格尔伯格（Joseph F. Engelberger）联手打造出世界上第一台工业机器人，名为 Unimate（如图 1-2 所示），从此拉开了机器人使用与发展的大幕。1960 年，美国机器和铸造公司（AMF）生产出了柱坐标型工业机器人 Versatran，如图 1-3 所示。Versatran 机器人可进行轨迹和点位控制，是世界上第一台用于工业生产的机器人。

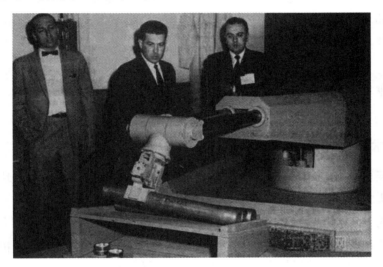

图 1-2 Unimate 机器人

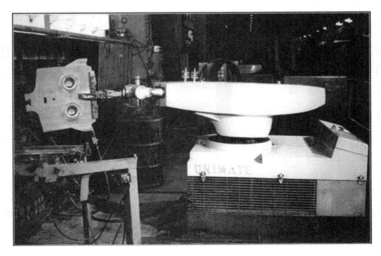

图 1-3 Versatran 机器人

1.2.2　工业机器人的发展历程

美国是机器人的诞生地，也是世界上第一台工业机器人的诞生地。在日本，工业机器人到 1980 年才真正普及。1973 年，德国库卡（KUKA）公司研发出了德国第一台工业机器人。1974 年，瑞典 ABB 公司研发出了世界上第一台全电控式工业机器人。

据统计，当今世界上至少有 50 个国家在发展工业机器人，美国、日本、德国、法国等都是工业机器人的研发和制造大国，无论是在基础研究还是在产品研发、制造方面都居世界领先水平。

我国的工业机器人起步较晚，20 世纪 70 年代进入萌芽期，80 年代进入开发期，90 年代进入实用期，经过 40 多年的发展，已具备一定的规模和技术储备。如今，我国已能够生产出多数工业机器人关键元器件，开发出码垛、搬运、装配、注塑、冲压、点焊、弧焊、喷漆等工业机器人。一些科研机构和企业已掌握了工业机器人的优化设计制造技术，一些关键技术已达到或领先世界水平。

1.3　工业机器人的发展趋势

1.3.1　技术发展趋势

从技术层面看，工业机器人正向着质量轻量化、系统智能化、功能模块化等方向发展。未来，工业机器人的主要技术发展趋势如下：

1.　智能化

在实际应用中，使用工业机器人时的情况复杂，这就要求未来的工业机器人具有更高水平的智能。随着计算机技术、系统技术、人工智能技术的发展，未来的工业机器人的工作能力将会大大提高。

2.　网络化

现在常用的工业机器人大多实现了简单的网络通信与控制功能，未来还要使工业机器人由独立的个体向系统集群化发展。因此，对工业机器人的远距离操作、监控与维护是当前的研究热点。

3.　标准化、模块化、通用化

当前，不同厂家生产了大量不同系列、不同用途的工业机器人。为了降低使用成本，未来需要进一步实现工业机器人构件的标准化、模块化、通用化。

4.　高精度

现代制造技术对生产机器的精度要求越来越高，因此高精度是工业机器人发展的必然方向。

5.　自我修复能力

未来，工业机器人还会具备自我修复能力，即在动作过程中因突发情况而产生元器件损坏、错误指令等时，可以自我修复。

1.3.2　应用发展趋势

　　自工业机器人诞生以来，不管是在传统制造行业还是在快速发展的新型工业中，汽车制造和电子生产一直是工业机器人的主要应用领域。随着制造技术的发展，工业机器人在电气、金属加工、化工、食品等行业的应用也迅速增多。由此可见，工业机器人的发展依托汽车制造行业，并迅速向各行业延伸。未来，工业机器人技术将结合人工智能技术，向更多领域渗透。

1.3.3　产业发展趋势

1．机器人产业发展明显加快

　　近年来，全球机器人产业规模年均增长率始终保持在15％以上。2017年，全球机器人产业规模已超过250亿美元，同比增长20.3％。2020年，我国工业机器人市场规模约为63亿美元，预计到2026年市场规模可达172亿美元，成为新的增长点。

2．机器人与新一代信息技术深度融合

　　以物联网、云技术、人工智能等为代表的新一代信息技术，为机器人的智能化发展提供了必要的技术支撑。实现与人的深度交流、互动、协作，正成为工业机器人产业发展的方向。

3．机器人应用范围不断拓宽

　　工业机器人的应用场景已从生产线、车间拓展到仓储和物流环节，应用领域也已从汽车、电子等产业拓展到新能源、新材料等产业。服务型机器人的应用场景拓展更加迅速，已服务于家庭、学校、商场、银行、酒店、医院等多种场所，并进入人们日常生活的诸多领域。

4．机器人领域的国际协作更为密切

　　目前，机器人全球产业链初步形成，不同国家根据各自优势，深度参与到机器人设计、研发、制造、集成、服务、培训等产业链的不同环节，一个开放式、全球化的产业生态体系正在形成。

思考题

1．工业机器人的定义是什么？
2．简述工业机器人的发展趋势。

任务 2　认识工业机器人厂商

【知识点】

初步认识国内外研发、生产工业机器人的主要厂商。

【技能点】

认识常见工业机器人的品牌名称与图标。

2.1　国内主要工业机器人厂商

2.1.1　沈阳新松机器人自动化股份有限公司

2018 年平昌冬奥会上的"北京 8 分钟"让全世界认识了一家实力强劲的中国工业机器人厂商——沈阳新松机器人自动化股份有限公司（简称"新松公司"）。

新松公司成立于 2000 年，隶属于中国科学院，是一家以机器人技术为核心的高科技上市公司。作为中国机器人领军企业及国家机器人产业化基地，该公司拥有完整的机器人产品及工业 4.0 整体解决方案。该公司的机器人产品涵盖工业机器人、洁净（真空）机器人、移动机器人、特种机器人及智能服务机器人五大系列。如图 2-1 所示为新松公司的工业机器人。

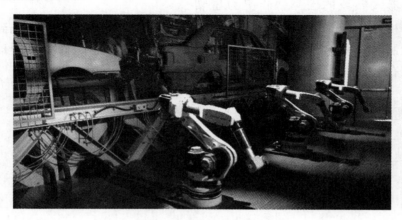

图 2-1　新松工业机器人

2.1.2　南京埃斯顿自动化股份有限公司

南京埃斯顿自动化股份有限公司创建于1993年,拥有一支高水平的专业研发团队,具有与世界工业机器人技术同步发展的技术优势。该公司在自动化核心部件及运动控制系统、工业机器人及智能制造系统方面具有自主核心技术,已开发出一系列工业机器人产品,应用领域包括搬运、弧焊、点焊、机床上下料等。

2.1.3　埃夫特智能装备股份有限公司

埃夫特智能装备股份有限公司成立于2007年,其主要业务包括:智能机器人、工业机器人、汽车专用设备的研发、设计、制造、安装与调试等。该公司以"智造自动化装备,解放人类生产力"为经营理念,致力于成为国际一流的自动化装备制造商。其产品被广泛应用到家电、汽车及其零部件、日化、机床、机械制造、食品和药品、光电、钢铁等行业。

2.1.4　武汉华中数控股份有限公司

武汉华中数控股份有限公司(简称"华中数控")创立于1994年,是华中科技大学的校办企业,先后整合或合作成立了深圳华数机器人有限公司、重庆华数机器人有限公司、泉州华数机器人有限公司、佛山华数机器人有限公司、武汉机器人事业部。该公司已经研发出4个系列27种规格的机器人整机产品,完成了包括冲压、注塑、焊接、喷涂、打磨、抛光等在内的几十条自动化生产线,开发了机器人控制器、示教器、伺服驱动、伺服电机等机器人核心基础零部件,并且已实现工业机器人批量销售。除此之外,该公司还在宁波、沈阳、襄阳、鄂州等地设立子公司,开展工业机器人及自动化业务。

2.1.5　广州数控设备有限公司

广州数控设备有限公司(GSK)是国内一流的机床数控系统研发与生产基地,也是我国数控行业的龙头企业。该公司成立于1991年,专注于机床数控系统、伺服电机、工业机器人、精密电动注塑机的研发及产业化。

2.1.6　上海新时达机器人有限公司

上海新时达机器人有限公司是上海新时达股份有限公司的全资子公司。该公司以机器人和运动控制系统产品为核心,建立了"关键核心零部件—本体—工程应用—远程信息化"的智能制造业务完整产业链布局。该公司已熟练掌握焊接、切割、分拣、打磨、抛光、上下料、装配、搬运、码垛等多种工艺,其产品广泛应用于3C(信息家电)、金属加工、工程机械、食品饮料、汽车零部件、军民融合等行业。

2.2　国外主要工业机器人厂商

2.2.1　ABB

　　ABB 集团总部位于瑞士苏黎世。该公司由瑞典的阿西亚公司和瑞士的布朗勃法瑞公司于 1988 年合并而成，致力于通过软件将智能技术集成到电气、机器人、自动化、运动控制等产品解决方案。1994 年，ABB 进入中国，1995 年成立 ABB 中国有限公司。目前，中国已经成为 ABB 全球第一大市场。其工业机器人实物如图 2-2 所示。

图 2-2　ABB 工业机器人

2.2.2　库卡（KUKA）

　　库卡（KUKA）及其德国母公司是世界工业机器人和自动控制系统领域的顶尖制造商，于 1898 年在德国奥格斯堡成立。2000 年 9 月，库卡集团在上海建立了一家全资子公司，名为库卡自动化设备（上海）有限公司。库卡工业机器人实物如图 2-3 所示。

　　2004 年，库卡柔性系统制造（上海）有限公司成立。库卡柔性系统是汽车生产自动化领域的领跑者，其白车身生产线的"交钥匙工程"是其关键业务之一。该公司同时为客户提供集规划、设计、制造、安装、调试、售后等于一体的高端解决方案。

图 2-3　库卡工业机器人

2.2.3 安川（YASKAWA）

安川电机创立于 1915 年，总部位于日本福冈县北九州市。安川（中国）机器人有限公司于 2012 年 3 月在江苏成立。该公司以生产和销售工业机器人及自动化设备系统为主，活跃在搬运、装配、焊接、喷涂以及液晶显示器、等离子显示器和半导体制造等产业领域中。安川工业机器人实物如图 2-4 所示。

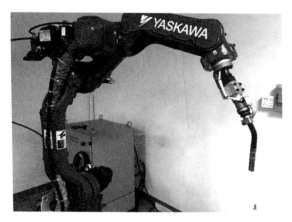

图 2-4　安川工业机器人

2.2.4 那智（NACHI）不二越公司

那智不二越公司于 1928 年在日本成立，并在 2004 年成立了不二越（上海）有限公司。那智不二越公司是从原材料产品到机床的全方位综合型制造企业，在机械加工、工业机器人、功能零部件等领域有丰富的产品。那智工业机器人实物如图 2-5 所示。

图 2-5　那智工业机器人

2.2.5 发那科（FANUC）

发那科公司于 1956 年在日本成立，是目前世界上最大的专业数控系统生产厂家之一。上海发那科机器人有限公司于 1997 年 11 月成立。发那科致力于机器人技术的创新，既提供智能机器人，又提供智能机器。发那科工业机器人的产品系列多达 240 种，广泛应用在装配、搬运、铸造、喷涂、焊接、码垛等不同生产环节。发那科工业机器人实物如图 2－6 所示。

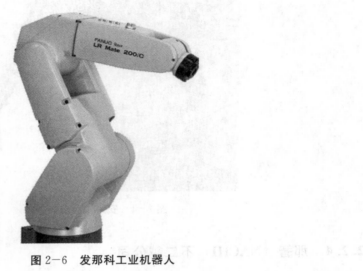

图 2－6　发那科工业机器人

2.3　常见工业机器人品牌

我国目前常用的工业机器人主要有欧系、日系和国产三种。常见工业机器人品牌的名称、所属国家及标志如表 2－1 所示。

表 2－1　常见工业机器人品牌

品牌名称	国家	品牌标志
电装	日本	DENSO
发那科	日本	FANUC
那智不二越	日本	NACHi

品牌名称	国家	品牌标志
ABB	瑞士	ABB
安川	日本	YASKAWA
库卡	德国	KUKA
松下	日本	Panasonic
现代	韩国	▲HYUNDAI
川崎	日本	Kawasaki
广州数控	中国	GSK 广州数控
三菱	日本	(三菱标志)
欧姆龙	日本	OMRON
卡诺普	中国	卡诺普 CROBOTP
史陶比尔	法国	STÄUBLI
柯马	意大利	COMAU
艾默生	美国	EMERSON.
艾普生	日本	EPSON

续表

品牌名称	国家	品牌标志
新松	中国	SIASUN 新松
埃夫特	中国	EFORT
新时达	中国	STEP
雅马哈	日本	YAMAHA
华中数控	中国	HNC 华中数控

思考题

1. 简述常见国内工业机器人厂商。
2. 简述常见国外工业机器人厂商。

任务3　工业机器人的应用领域

【知识点】
了解工业机器人的应用领域。

【技能点】
掌握工业机器人在各行业的主要用途。

工业机器人的应用领域

3.1　汽车制造行业

随着汽车工业的迅猛发展，工业机器人在先进汽车制造中的重要性日益显现，相应的产品种类也越来越多，广泛应用于焊接、物料搬运、装配、喷涂、精加工、拣料、包装、码垛、机械管理等领域。例如，在自动化涂装方面，高柔性高精度的喷涂机器人可提高涂装质量，减少生产废料。工业机器人在汽车制造行业的应用不仅解决了人工生产不能解决的技术难题，而且可以进行高质量的批量生产，以满足不断增长的生产和消费需求。如图3-1所示为汽车生产线上的工业机器人。

图3-1　汽车生产线上的工业机器人

3.2　电子电气行业

《中国工业机器人行业产销需求预测与转型升级分析报告》显示，我国3C产业的自动化需求主要集中在元器件加工，如PCB（印刷电路板）功能元件、玻璃屏幕、手

13

机外壳的生产制造，以及半成品的检测，部件、整件贴标等领域。敏捷制造、柔性制造、精益制造已成为电子电气行业的发展方向，工业机器人正迎合了这一趋势。如图3-2所示为工业机器人在电气行业的应用。

图 3-2　工业机器人在电气行业的应用

3.3　橡胶及塑料工业

在塑料制品加工，如冲压、成型及二次成型过程中，零件定位必须精准，而多轴工业机器人、多自由度工业机器人的应用能完美解决这一难题。

在注塑加工环节中，工业机器人可用于执行部件取出和放入嵌件的操作。在装配、去毛刺、激光切割、贴标签、包装、码垛、印刷等下游环节，工业机器人也有广泛应用。同时，工业机器人在提高能源利用效率方面也能够发挥重要作用。如图3-3所示为合成橡胶自动化码垛装箱机器人。

图 3-3　合成橡胶自动化码垛装箱机器人

3.4　铸造行业

　　多数机械产品的毛坯都是铸造而成的，因此铸造是机械工业的重要基础工艺。

　　传统的铸造生产通常在高温、粉尘、振动、油污和电磁干扰等恶劣环境中进行。工业机器人的高度柔性化使其能够满足现代化绿色铸造生产中的各种特殊要求，不仅防水，而且耐脏、抗热。它甚至可以直接从铸造机内部或上方取出工件，因此在铸造行业中的应用非常广泛。

3.5　食品行业

　　工业机器人在食品行业中的应用也非常广泛。例如，将分拣机器人应用到巧克力、饼干、面包等食品生产线上，可以避免人工分拣效率低下、卫生状况及产品质量一致性差等问题。在食品行业的包装和码垛环节，工业机器人也体现出了速度快、效率高，可搬运较重产品，大大节约人力成本等优势。

3.6　化工行业

　　化工行业门类多、工艺复杂、产品多样，生产过程中排放的污染物也较多。使用工业机器人可以将人们从危险的环境中解放出来，同时能够提高效率，降低成本。因此，工业机器人在化工行业有着广泛应用。

思考题

1. 简述工业机器人在汽车制造行业的应用。
2. 简述工业机器人在电子电气行业的应用。

任务 4　工业机器人的分类

【知识点】

了解不同类型的工业机器人的主要特点。

【技能点】

掌握工业机器人的主要分类方式。

4.1　按结构分

4.1.1　直角坐标机器人

直角坐标机器人在工作时，各运动轴对应直角坐标系的 X、Y、Z 轴，各运动部件做直线运动。如图 4-1 所示是典型的直角坐标机器人。

图 4-1　直角坐标机器人

4.1.2　圆柱坐标机器人

圆柱坐标机器人的运动系统主要由一个旋转机座形成的转动关节和垂直、水平移动的两个移动关节构成，如图 4-2 所示。

圆柱坐标机器人具有空间结构小，工作范围大，末端执行器速度高、控制简单、运动灵活等优点。其缺点是工作时必须有沿轴线前后方向的移动空间，空间利用率较低。目前，圆柱坐标机器人主要用于重物的卸载、搬运等场合。

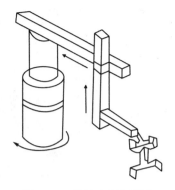

图 4-2　圆柱坐标机器人

4.1.3　极坐标机器人

　　极坐标机器人又称球坐标机器人，它由两个转动关节和一个直线移动关节组成，如图 4-3 所示。其工作空间为一球形空间。它可以抓取地面较低位置的工件，具有结构紧凑、工作空间大的优点，但结构复杂。

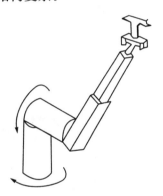

图 4-3　极坐标机器人

4.1.4　多关节机器人

　　关节机器人也被称为关节手臂机器人或关节机械手臂，它并没有严格的定义，通常被描述为具有固定机座，有 4～6 轴的关节。其工作范围大，可以将机械手臂上的末端工具以任意角度放置。多关节机器人按照关节的构型不同，又可分为垂直多关节机器人和水平多关节机器人。

　　水平多关节机器人也被称为 SCARA 机器人，如图 4-4 所示。水平多关节机器人一般具有四个轴和四个自由度，它的第一、二、四轴具有转动特性，第三轴具有线性移动特性，并且第三轴和第四轴可以根据工作需要的不同，制造成多种形态。

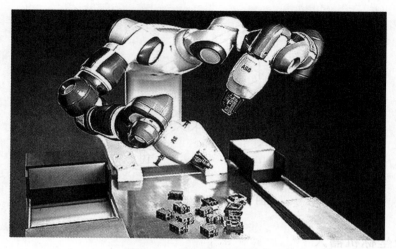

图4-4　水平多关节机器人

4.1.5　并联机器人

　　并联机器人是一种并联机构，常被定义为动平台和定平台通过至少两个独立的运动链相连接，机构具有两个或两个以上自由度，且以并联方式驱动的一种闭环机构。并联机器人具有以下几大特点：刚度高，柔性强，质量轻，速度快，动态响应好，结构紧凑，承载能力大。完全对称的并联机器人具有较好的各向同性，如图4-5所示。

图4-5　并联机器人

4.2　按驱动方式分

4.2.1　气压驱动机器人

　　气压驱动机器人是以压缩空气来驱动执行机构的。这种驱动方式的优点是：经济便捷，动作迅速，结构简单。其缺点是工作的稳定性与定位精度不高，抓力较小，所以常用于负载较小的场合。

4.2.2　液压驱动机器人

液压驱动机器人是使用液压油驱动执行机构的。其优点有：能够以较小的驱动器输出较大的驱动力或力矩；可以把驱动油缸直接做成关节的一部分，结构简单、紧凑，刚性好；定位精度比气压驱动高，可实现任意位置的起停；调速简单、平稳，能在较大范围内实现无级调速；寿命长。其缺点是油液不易保存且容易泄漏，会影响工作的稳定性和定位精度，也会造成环境污染。

4.2.3　电力驱动机器人

电力驱动机器人是利用各类电动机产生的动力来驱动执行机构的。现在大部分工业机器人都采用电力驱动的方式，因为电力驱动易于控制，运动精度高，成本低。

4.2.4　新型驱动机器人

随着现代工业的发展，工业机器人技术也突飞猛进，出现了利用新的工作原理制造的新型驱动器，如静电驱动器、压电驱动器、形状记忆合金驱动器、人工肌肉驱动器及光电驱动器等。

思考题

1. 工业机器人按结构分有哪些类别？
2. 工业机器人按驱动方式分有哪些类别？

任务 5   工业机器人的基本组成与技术参数

【知识点】
了解工业机器人的基本组成。
【技能点】
掌握工业机器人的基本组成及主要技术参数。

工业机器人的基本组成

5.1   工业机器人的基本组成

工业机器人通常由执行机构、驱动系统、控制系统和传感系统四部分组成，如图 5-1 所示。

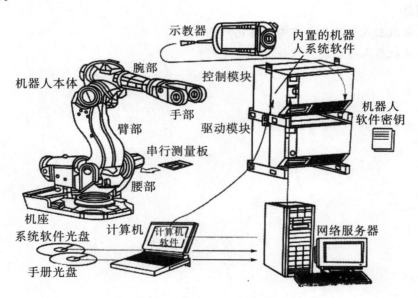

图 5-1   工业机器人的基本组成示意图

5.1.1   执行机构

执行机构是工业机器人完成工作任务的实体，通常由一系列连杆、关节或其他形式的运动副组成。其从功能角度可分为手部、胸部、臂部、腰部和机座。

5.1.2 驱动系统

工业机器人的驱动机构是向执行机构各部件提供动力的装置，包括驱动器和传动机构两部分，它们通常与执行机构连成一体。驱动器通常有电动、液压、气动装置以及把它们结合起来应用的综合系统。常用的传动方式有谐波传动、螺旋传动、链传动、带传动以及各种齿轮传动等。

1. 气压驱动

气压驱动系统通常由气缸、气阀、气罐和空压机等组成，以压缩空气来驱动执行机构进行工作。其优点是工作介质空气易取得、动作迅速、结构简单、造价低、维修方便、防火防爆、漏气对环境无影响。其缺点是操作力小、体积大，又由于空气的压缩性大、速度不易控制、响应慢、动作不平稳、有冲击。因气源压力一般只有 60MPa 左右，故采用气压驱动的工业机器人适用于对抓举力要求较小的场合。

2. 液压驱动

液压驱动系统通常由液动机（各种油缸、油马达）、伺服阀、油泵、油箱等组成，以压缩机油来驱动执行机构进行工作。其特点是操作力大、体积小、传动平稳且动作灵敏、耐冲击、耐振动、防爆性好。相对于气压驱动机器人，液压驱动机器人具有大得多的抓举力，可抓举上百千克的重物。但液压驱动系统对密封性的要求较高，且不宜在高温或低温的场合工作。

3. 电力驱动

电力驱动是利用电动机产生的力或力矩直接或经过减速机构驱动机器人，以获得所需的位置、速度和加速度。电力驱动具有电源易取得，无环境污染，响应快，驱动力较大，信号检测、传输、处理方便，可采用多种灵活的控制方案，运动精度高，成本低，驱动效率高等优点，是目前机器人使用最多的一种驱动方式。驱动电动机一般采用步进电动机、直流伺服电动机以及交流伺服电动机。

4. 新型驱动

伴随着机器人技术的发展，出现了利用新的工作原理制造的新型驱动器，如静电驱动器、压电驱动器、形状记忆合金驱动器、人工肌肉驱动器及光电驱动器等。

5.1.3 控制系统

工业机器人的位置控制方式有点位控制和连续路径控制两种。其中，点位控制方式只关心机器人末端执行器的起点和终点位置，而不关心这两点之间的运动轨迹。这种控制方式可完成无障碍条件下的点焊、上下料、搬运等操作。连续路径控制方式不仅要求机器人的末端执行器以一定的精度到达目标点，而且对其移动轨迹也有一定的精度要求，常用于机器人喷漆、弧焊等操作。实质上这种控制方式是以点位控制方式为基础的，是在每两点之间用满足精度要求的位置轨迹插补算法实现轨迹连续化。

5.1.4 传感系统

传感系统是工业机器人的重要组成部分，按其采集信息的位置，一般可分为内部传感器和外部传感器。内部传感器是完成机器人运动控制所必需的传感器，如位置、速度传感器等，用于采集机器人内部信息，是构成机器人不可缺少的基本元件。外部传感器用于检测机器人所处环境、外部物体状态或机器人与外部物体的关系。常用的外部传感器有力传感器、接近传感器、触觉传感器、视觉传感器等。内部传感器与外部传感器的对比如表5-1所示。

表5-1 内部传感器与外部传感器的对比

对比项	内部传感器	外部传感器
用途	机器人精确控制	了解工件、环境或机器人在环境中的状态，对工件进行灵活、有效的操作
监测的信息	位置、角度、速度、加速度、姿态、方向	工件和环境：形状、位置、范围、质量、姿态、运动、速度等；机器人与环境：位置、速度、加速度、姿态等；对工件的操作：非接触（间隔、位置、姿态等），接触（障碍检测、碰撞检测等），触觉（接触觉、压觉、滑觉），夹持力
所用到的传感器	微动开关、光电开关、差动变压器、编码器、电位计、旋转变压器、测速发电机、加速度计、陀螺、倾角传感器、力传感器	视觉传感器、光学测距传感器、超声测距传感器、触觉传感器、电容传感器、电磁感应传感器、限位传感器、压敏导电橡胶、弹性体加应变片等

传统的工业机器人仅采用内部传感器，用于对机器人运动、位置及姿态进行精确控制。使用外部传感器，使得机器人对外部环境具有一定的适应能力，从而表现出一定程度的智能。

5.2 工业机器人的技术参数

工业机器人的技术参数是各工业机器人制造商在交付产品时所提供的技术数据。尽管各厂商提供的技术参数不完全一样，工业机器人的结构、用途等有所不同，且用户的要求也不同，但工业机器人的主要技术参数大同小异，一般有自由度、重复定位精度、工作范围、最大工作速度和承载能力等。

5.2.1 自由度

机器人机构能够独立运动的关节数目，称为机器人机构的运动自由度，简称自由度（Degree of Freedom，DOF）。自由度反映了机器人动作的灵活性，可用轴的直线移动、摆动或旋转动作的数目来表示。

机器人轴的数量决定了其自由度。自由度越大，机器人的动作机能就越接近人手，通用性就越好。但是自由度越大，结构越复杂，对机器人的整体要求就越高。这是机器人设计中的一个矛盾。随着轴数的增加，机器人的灵活性也随之增强。在目前的工业应用中，用得最多的是三轴、四轴、五轴双臂和六轴的工业机器人，轴数的选择通常取决于具体的应用。这是因为，在某些应用中，并不需要很高的灵活性，而三轴和四轴机器人具有更高的成本效益，并且三轴和四轴机器人在速度上也具有很大的优势。如果只需要完成一些简单的任务，例如在传送带之间拾取、放置零件，那么四轴的机器人就足够了。如果机器人需要在一个狭小的空间内工作，而且机械臂需要扭曲反转，六轴或者七轴的机器人是最好的选择。

5.2.2　精度

1. 定位精度

定位精度是指机器人手部实际到达位置与目标位置之间的差异，用反复多次测试的定位结果代表点与指定位置之间的距离来表示。

2. 重复定位精度

重复定位精度是指机器人手部重复定位于同一目标位置的能力，以实际位置值的分散程度来表示。实际应用中常以重复测试结果的标准偏差值的 3 倍来表示。

5.2.3　驱动方式

驱动方式主要是指关节执行器的动力源形式，一般有液压驱动、气压驱动、电力驱动。不同的驱动方式有各自的优势和特点，目前比较常用的是电力驱动方式。

5.2.4　控制方式

工业机器人的控制方式也被称为控制轴的方式，目的是控制机器人的运动轨迹。一般有两种控制方式：一是伺服控制，另一种是非伺服控制。伺服控制可以细分为连续轨迹控制与点位控制，其优点是具有较大的记忆储存空间，可以使运行过程更加复杂平稳。

5.2.5　工作速度

工作速度是指工业机器人在合理的工作载荷之下，匀速运动时，机械接口中心或者工具中心点在单位时间内转动的角度或者移动的距离。

5.2.6　工作空间

工作空间是指机器人操作机正常工作时，末端执行器坐标系的原点能在空间中活动的最大范围，或者说该点可以到达的所有点所占的空间体积。工作空间的大小不仅与机器人各连杆的尺寸有关，而且与机器人的总体结构形式有关。工作空间的形状和大小是十分重要的，机器人在执行某些作业时可能会因为存在手部不能到达的盲区而不能完成任务。

5.2.7 工作载荷

工作载荷是指工业机器人在规定的性能范围内工作时，机器人腕部所能承受的最大负载量。工作载荷不仅取决于负载的质量，而且与机器人运行的速度和加速度的大小和方向有关。为保证安全，一般都将工作载荷这一技术指标确定为高速运行时的承载能力。通常，工作载荷不仅指负载质量，也包括机器人末端执行器的质量。

思考题

1. 工业机器人一般由哪些部分组成？
2. 什么是工业机器人的自由度？
3. 什么是工业机器人的定位精度？

学习模块二　工业机器人常用外围设备简介

任务6　工业机器人常用辅助机械设备

【知识点】

熟悉工业机器人常用传动机构的分类，了解常见传动机构的基本原理。

【技能点】

能够识别各类机械传动装置。

6.1　工业机器人常用传动机构及其工作原理

6.1.1　机械传动

1. 机械传动的定义

机械传动是利用机械装置传递运动和动力的传动方式。

2. 机械传动的分类

1）摩擦传动

摩擦传动是靠机件间的摩擦力来传递运动和动力，包括带传动、绳传动和摩擦轮传动等。摩擦传动易实现无级变速，大都能适应轴间距较大的场合，具有过载打滑、缓冲吸震和保护传动装置的作用，但传动功率不大，传动比也不准确。

2）啮合传动

啮合传动是靠主动件与从动件的啮合来传递运动和动力，包括齿轮传动、链传动、螺旋传动和谐波传动等。啮合传动能够实现大功率传动，具有准确的传动比，但对精度要求较高。

3. 常用机械传动方式及其工作原理

1）带传动

带传动是把一根或多根闭合成环形的带张紧在主动轮和从动轮上，利用带与带轮之间的摩擦力（或相互啮合）来传递运动和动力的传动方式。

（1）带传动装置的组成

带传动装置通常由主动带轮、从动带轮、传动带和机架组成，如图6-1所示。

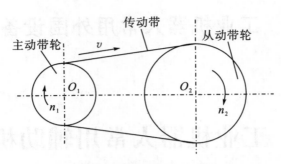

图 6-1 带传动装置的组成

（2）带传动的特点

①传动平稳，噪声小，具有缓冲和吸震作用。

②当传动过载时，传动带在带轮上打滑，可防止其他零件损坏，起到过载保护的作用。

③传动带的结构简单，制造和安装要求不高，不需要润滑，装拆方便，成本低。

④带传动装置的外廓尺寸大。

⑤不宜用于高温、易燃及有油和水的场合。

（3）带传动的分类

按照动力传递方式，带传动分为摩擦型带传动和啮合型带传动。按照传动带的截面形状，带传动又可分为平带传动、V带传动、圆带传动和多楔带传动。

带传动的分类

①平带传动：传动带的截面形状为矩形（称作"平带"），由多层胶帆布构成，工作面为与带轮接触的内表面，如图6-2（a）所示。平带传动结构简单、带轮制造方便，主要适用于高速转动或两轴间距较大的场合。

②V带传动：传动带的截面形状为等腰梯形（称作"V带"），工作面为与带轮接触的两个侧面，如图6-2（b）所示。V带与底槽不接触，在带的张紧程度相同时，V带传动的承载能力大约是平带传动的三倍。

③圆带传动：传动带的截面形状为圆形（称作"圆带"），一般用革或棉绳制成，如图6-2（c）所示。圆带传动一般用于低速、轻载的场合。

④多楔带传动：多楔带可看成由一根平带和多根V带组成，如图6-2（d）所示。多楔带传动兼具平带传动和V带传动的优点，常用于结构紧凑且传递大功率的场合。

（a）平带　　　（b）V带　　　（c）圆带　　　（d）多楔带

图 6-2 传动带的形式

（4）带传动装置的安装与维护

①必须按设计要求选取带型、基准长度和根数。新旧传动带不能混合使用。

②安装带轮时，两轮轴线应平行，各轮宽的中心线应共面且垂直于轴线。

③传动带的张紧方法通常是调整带轮的中心距或增加张紧轮。

2）链传动

链传动是利用链条与主动链轮和从动链轮的啮合来传递运动和动力的传动方式。

（1）链传动装置的组成

链传动装置由主动链轮、从动链轮、链条及机架组成，如图6-3所示。

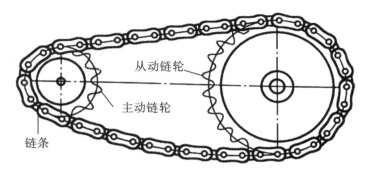

图6-3　链传动装置的组成

（2）链传动的特点

①具有准确的平均传动比。

②传动平稳性较差，工作时具有一定的冲击和噪声。

③传动效率高，轴间距离适应范围较大，能在温度较高、湿度较大的环境中使用。

（3）链传动的分类

常用于传递力和转矩的链传动装置主要有套筒滚子链和齿形链两种。

链传动的分类

①套筒滚子链：由内链板、外链板、滚子、套筒、销轴组成，如图6-4所示。内链板固连在套筒两端，销轴与外链板铆接，分别构成内、外链节。套筒和销轴之间为间隙配合，以保证内、外链节之间能够相对转动。滚子与套筒之间也为间隙配合，在工作时，套筒上的滚子可沿链轮轮齿滚动，从而减轻链条和链轮轮齿的磨损。

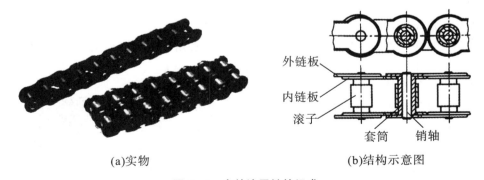

(a)实物　　　　　　　　　　(b)结构示意图

图6-4　套筒滚子链的组成

②齿形链：由铰链连接的齿形链板组成，如图6-5所示。与套筒滚子链相比，齿形链传动平稳，噪声较小，传动速度较高，但摩擦力比较大，容易磨损。

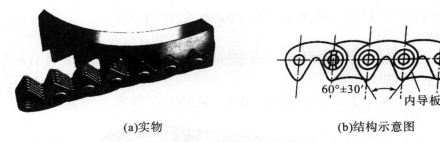

(a)实物　　　　　　　　　(b)结构示意图

图 6-5　齿形链的组成

（4）链传动装置的安装与维护

①链传动的布置按两链轮中心连线的位置可分为水平布置、倾斜布置、垂直布置，如图 6-6 所示。

②在安装时，两链轮轴线必须平行，而且两链轮端面必须处于同一平面内。

③链传动装置的张紧方法有调整中心距、拆掉几个链节、增加张紧轮几种形式。

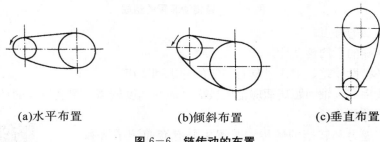

(a)水平布置　　　　(b)倾斜布置　　　　(c)垂直布置

图 6-6　链传动的布置

3）齿轮传动

齿轮是一种有齿的机械元件，两个相互啮合的齿轮可组成一个齿轮副。利用齿轮副来传递运动和动力的机械传动方式称为齿轮传动。

（1）齿轮传动装置的组成

齿轮传动装置由主动齿轮和从动齿轮组成。

（2）齿轮传动的特点

①具有恒定的传动比，传动功率大，可靠性高。

②结构紧凑，安装精度高，可实现平行轴、任意角度相交轴和交错轴之间传动。

③不适用于两轴中心距较大的传动场合。

（3）齿轮传动的分类

根据两轴的相对位置和轮齿方向，可将齿轮传动分为直齿圆柱齿轮传动、齿轮齿条传动、斜齿轮传动、人字齿轮传动、圆锥齿轮传动，如图 6-7 所示。根据齿轮传动的工作条件，可将其分为开式齿轮传动、半开式齿轮传动和闭式齿轮传动。

齿轮传动的分类

（4）齿轮传动的润滑

为减少轮齿啮合时齿面间的摩擦及磨损，提高齿轮传动的效率，加强散热并延长齿轮传动装置的使用寿命，需要对齿轮进行必要的润滑。开式及半开式齿轮传动通常采用人工定期添加润滑油的方式进行润滑。闭式齿轮传动常用的润滑方式有浸油、喷油及溅油润滑，如图6-8所示。

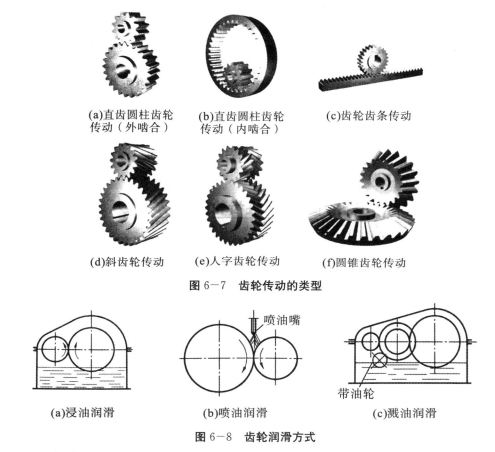

(a)直齿圆柱齿轮   (b)直齿圆柱齿轮   (c)齿轮齿条传动
传动（外啮合）   传动（内啮合）

(d)斜齿轮传动   (e)人字齿轮传动   (f)圆锥齿轮传动

图6-7 齿轮传动的类型

(a)浸油润滑   (b)喷油润滑   (c)溅油润滑

图6-8 齿轮润滑方式

4）蜗杆传动

蜗杆传动是指以蜗杆为主动件作减速传动，当反行程不自锁时，也可以蜗轮为主动件作增速转动，如图6-9所示。蜗杆传动常用于两轴的夹角为90°的回转运动，通常蜗杆为主动件，蜗轮为从动件。

图6-9 蜗杆传动

（1）蜗杆传动的分类

根据蜗杆外形，可将蜗杆传动分为圆柱蜗杆传动、环面蜗杆传动和锥蜗杆传动三种，如图6-10所示。其中，运用最广泛的是圆柱蜗杆传动。

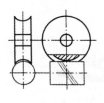 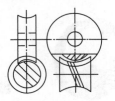 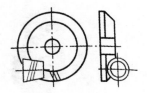

(a)圆柱蜗杆传动　　　　　　(b)环面蜗杆传动　　　　　　(c)锥面蜗杆传动

图6-10　蜗杆传动类型

（2）蜗杆传动的特点

蜗杆传动既有齿轮传动的某些特点，又有区别于齿轮传动的特性。与齿轮传动相比，蜗杆传动具有以下优点：

①传动比大且准确，结构紧凑，传动平稳，噪声小。

②可实现自锁。

③成本较高。

（3）蜗杆传动装置的维护

①在蜗杆传动装置工作过程中，如果油温超过允许范围，应停机或改善散热条件。

②要经常检查蜗轮齿面是否完好。

③要严格按照说明书的要求加润滑油。

④进行变速换挡操作要在低速状态下完成。

5）直线导轨传动

直线导轨是运动部件按照设计要求在导轨上做精确的往复直线运动的传动机构。

（1）直线导轨的组成

直线导轨主要由保持架、滚动体、滑块、导轨等组成，如图6-11所示。

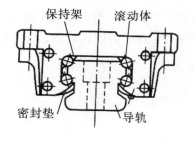 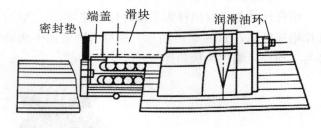

图6-11　直线导轨

（2）直线导轨的分类

按照滚动体的类型，可将直线导轨分为圆柱直线导轨、滚轮直线导轨、滚珠直线导轨三种。

（3）直线导轨的特点

①导向精度高，运动灵活性和低速时的平稳性好。

②刚性好，使用寿命长。

③导轨表面具有高的硬度、形状精度和尺寸精度。

④不能有任何杂质进入传动机构，所以需要较好的防护装置。

（4）直线导轨的安装与维护

①工作环境要清洁，无颗粒性杂质。

②安装时不得大力冲压，不得用锤子直接敲击。

③不能用手直接接触。

④要保持良好的润滑。

6）滚珠丝杠传动

滚珠丝杠是将回转运动和直线运动相互转换的传动机构。

（1）滚珠丝杠的组成

滚珠丝杠由滚珠、丝杠、螺母等组成，如图 6-12 所示。

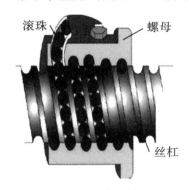

图 6-12　滚珠丝杠

（2）滚珠丝杠的分类

根据滚珠的循环方式，滚珠丝杆可分为弯管式、循环器式、端盖式三种。

（3）滚珠丝杠的特点

①具有较小的摩擦损失，传动效率及传动精度高。

②可以实现高速进给和微进给。

③不能实现自锁。

④其传动具有可逆性。

（4）滚珠丝杠的使用及维护

①滚珠丝杠副所用润滑油为 90～180 号透平油或 140 号主轴油，润滑脂可采用锂基油脂。

②滚珠丝杠副中不能有微粒或化学活性物质进入，因此对螺母副要进行严格的密封。

6.1.2　液压与气压传动

液压与气压传动机构是机电设备的重要组成部分。近年来，高速发展的机电一体化技术带动液压与气压传动技术迈上了新台阶。液压与气压传动技术是实现工业自动化的重要支撑，其发展前景十分广阔。

1. 液压传动

液压传动是在密闭系统中利用高压液体来传递运动和动力的传动方式。液压传动所用的介质是液体（主要是矿物油），传递的动力大，运动平稳；但液体具有较大的黏性，流动过程中能量损失大，所以不宜用于远距离的传动和控制。

1）动力装置

液压泵是常用的液压传动动力装置，它将机械能转换为液体压力能，为液压系统提供动力，又称为动力元件。

（1）液压泵的工作原理

如图 6-13 所示为单柱塞泵的工作原理示意图。其中，吸油阀和排油阀都是单向阀，弹簧将柱塞紧压在偏心轮上，柱塞在偏心轮的带动下做往复运动。泵的吸油过程是：柱塞向右移动，油腔的容积逐渐变大，形成真空；在大气压力的作用下，油箱中的油通过吸油阀进入油腔。泵的压油过程是：偏心轮带动柱塞向左移动，油腔的容积逐渐变小，迫使油腔中的油通过排油阀注入系统。偏心轮持续转动，泵就持续地吸油和压油。

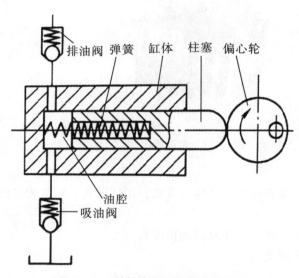

图 6-13　单柱塞泵工作原理示意图　　　　　液压泵的工作原理

（2）液压泵的分类

按流量是否可调节，可将液压泵分为变量泵和定量泵。

按泵的结构分，可将液压泵分为齿轮泵、叶片泵和柱塞泵三种。

2）执行元件

液压执行元件是将液压系统中的压力能转化为机械能的装置。常见的液压执行元件有液压缸和液压马达两种。

（1）液压缸

液压缸是一种使运动件做往复直线运动或摆动的中间传动装置。其工作可靠，结构简单，常与其他机构配合实现多种机械运动，应用范围十分广泛。液压缸按其结构可以分为活塞式液压缸、柱塞式液压缸、摆动式液压缸。最常见的液压缸为活塞式液压缸。下面以单活塞杆液压缸为例介绍液压缸的工作原理。

单活塞杆液压缸只有一端有活塞杆，分为缸筒固定式和活塞杆固定式两类，活塞或缸筒有效行程的两倍为工作台的移动范围。图6-14所示为单活塞杆液压缸工作原理示意图。以图6-14（a）为例，压力油通过进油口进入油腔，活塞在压力油作用下向右移动，传递运动和动力。

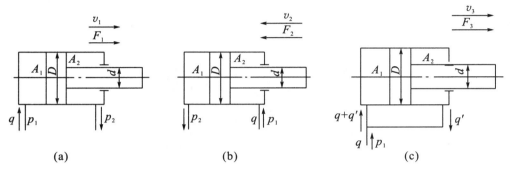

(a)　　　　　　　　　　(b)　　　　　　　　　　(c)

A_1—无杆腔有效工作面积，m^2；A_2—有杆腔有效工作面积，m^2；D—活塞的直径，m；

d—活塞杆的直径，m；p_1—进油腔的压力，Pa；p_2—回油腔的压力，Pa；

q—输入或输出液压缸的流量，m^3/s；v—活塞杆运行速度，m/s；

F—活塞杆传递的力，N。

图6-14　单活塞杆液压缸工作原理示意图

（2）液压马达

液压马达是一种使运动件做旋转运动的中间传动装置，也称油马达。常见的液压马达有齿轮式液压马达、叶片式液压马达和柱塞式液压马达。下面以叶片式液压马达为例介绍液压马达的工作原理。

图6-15所示为叶片式液压马达的工作原理，当压力油进入压油腔后，在叶片1、5（或3、7）的一侧为压力油，另一侧则为低压回油，由于叶片1、5的受力面积比叶片3、7大，故叶片在因受力差而形成的力矩作用下推动转子和叶片按照顺时针方向旋转。

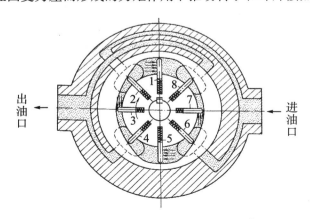

出油口　　　　　　　进油口

图6-15　叶片式液压马达工作原理示意图

3）液压控制元件

液压控制元件是在液压传动系统中控制工作介质（液压油）的压力大小、流动方向和流量大小的元件。它主要由阀芯、阀体及驱动阀芯运动的元器件组成，又称液压控制阀，简称液压阀。下面以单向阀为例介绍液压阀的工作原理。

单向阀，也称止回阀或逆止阀，即液压油只能由进油口流入，由出油口流出。如图6-16所示，单向阀由弹簧、阀体和阀心等组成。当压力油从进油口流入时，阀芯在压力的作用下克服弹簧的弹力向右移动，阀口打开，压力油通过阀口、阀心径向和轴向上的孔流入，从出油口流出。

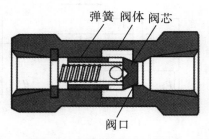

图6-16 单向阀结构示意图

2. 气压传动

气压传动是一种以空气压缩机为动力源，利用压缩空气来传递运动和动力，以实现驱动和控制机械设备，从而实现生产过程自动化和机械化的技术。

1）动力装置

动力装置负责将机械能转变为压力能，为系统提供具有一定压力的空气。它主要由空气压缩机、储气罐、气源净化装置等组成。

最常用的空气压缩机为往复活塞式压缩机。下面以单气缸往复活塞式压缩机为例介绍空气压缩机的工作原理。如图6-17所示，当曲柄由位置 a 转到 b 再转到 c 时，滑块带动活塞向右移动，气缸容积增大，从而使气缸中的气体压力低于大气压力，空气在大气压力作用下推开进气阀进入气缸中，此过程为吸气过程。当曲柄由位置 c 转到 d 再转到 a 时，滑块带动活塞向左移

空气压缩机的工作原理

动，在缸内压缩气体的作用下进气阀关闭；随着活塞继续左移，缸内空气压力持续升高，此过程为压缩过程。当气缸内空气压力增高到略高于输气管路内压力时，排气阀打开，压缩空气进入输气管路内，此过程为排气过程。曲柄旋转一周，活塞往复运动一次，即完成"吸气—压缩—排气"一个工作循环。

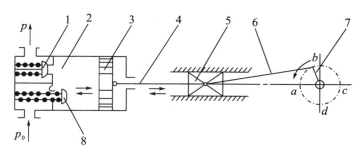

1—排气阀；2—气缸；3—活塞；4—活塞杆；5—滑块；6—连杆；7—曲柄；8—进气阀。

图 6-17　单气缸往复活塞式压缩机工作原理示意图

2）执行装置

执行装置负责将压力能转换成机械能。执行元件的运动主要有三种形式，分别是气缸输出的直线往复式运动、摆动气缸输出的回转摆动运动和气马达输出的旋转运动。下面以弹簧复位式单作用气缸为例介绍执行装置。

如图 6-18 所示，压缩空气由进气口进入气缸左腔，使左腔的压力大于右腔的压力，从而推动活塞向右移动。在活塞向右移动的过程中，左腔的压力逐渐变小。当左腔的压力小于弹簧的弹力时，活塞在弹簧的弹力作用下向左移动。气缸右腔通过排气口与大气相通。

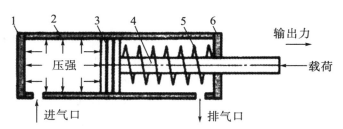

1、6—缸盖；2—缸体；3—活塞；4—活塞杆；5—弹簧。

图 6-18　弹簧复位式单作用气缸工作原理示意图

3）气动控制装置

气动控制装置是指在气动系统中控制气流的流量、压力和流动方向，并保证执行装置正常工作的各类元件。气动控制装置常分为方向控制阀、压力控制阀和流量控制阀。下面以方向控制阀为例介绍气动控制装置的工作原理。

如图 6-19 所示为钢球直通式单向阀的结构，其工作原理是：当气体由进气口流入时，气体压力克服弹簧弹力，推动阀芯右移，气体流入单向阀，并通过单向阀的出气口流出；当气体反向流动时，由于气体压力和弹簧弹力的共同作用，阀芯紧贴左侧，封闭进气口，使气体不能流入。

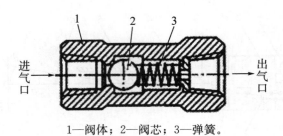

1—阀体；2—阀芯；3—弹簧。

图 6－19　钢球直通式单向阀工作原理示意图

6.2　减速器

减速器一般用于输出低转速大扭矩的传动设备中，负责把动力装置（电动机、内燃机等）的高转速小扭矩运动转换成执行装置的低转速大扭矩运动。

6.2.1　通用减速器的工作原理

通用减速器是一种由封闭在刚性壳体内的齿轮传动机构、蜗杆传动机构、齿轮－蜗杆传动机构所组成的独立部件。

通用减速器按照齿轮形状可以分为圆柱齿轮减速器、圆锥齿轮减速器和圆锥－圆柱齿轮减速器。下面以圆柱齿轮减速器（如图 6－20 所示）为例介绍减速器的工作原理。

圆柱齿轮减速器利用齿轮传动的特点，将动力装置输入的高转速降到所需要的低转速，并获得大转矩。因主动齿轮齿数少，从动齿轮齿数多，根据齿轮传动的传动比计算公式可知，从动齿轮的转速低于主动齿轮的转速，从而起到减速的作用。在工作时，动力装置通过带传动或其他传动方式带动输入轴转动，输入轴带动主动齿轮转动，主动齿轮通过啮合作用带动从动齿轮转动，从动齿轮带动输出轴转动，输出低转速大扭矩。

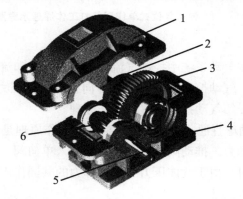

1—箱盖；2—输出轴；3—从动齿轮；4—箱座；5—输入轴；6—主动齿轮。

图 6－20　圆柱齿轮减速器结构示意图

6.2.2　工业机器人用精密减速器

工业机器人一般用于执行重复任务，以完成同一道工序。所以在实际生产中，工业机器人必须具有高的定位精度、稳定的工艺质量才能可靠地完成工作任务。因此，为保证定位精度，工业机器人通常需要采用 RV 减速器或谐波减速器。

1. RV 减速器

1）RV 减速器的结构

如图 6-21 所示，RV 减速器是由一个作为前级的渐开线行星齿轮减速机构和一个作为后级的摆线针轮减速机构组成的两级减速机构，主要由正齿轮、偏心轴、RV 齿轮（摆线轮）、输入轴和输出轴等零部件组成。

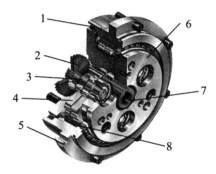

1—外壳；2—正齿轮；3—偏心轴；4—RV 齿轮；5—固定法兰；6—输出轴；7—输入轴；8—滚针。

图 6-21　RV 减速器结构示意图

2）RV 减速器的工作原理

第一级减速机构为正齿轮减速机构（即渐开线行星齿轮减速机构，如图 6-22 所示），由外壳、输入轴、输出轴、正齿轮等组成。输入轴的旋转运动从输入齿轮传递到正齿轮，按照齿轮传动原理进行减速。

图 6-22　第一级减速机构

渐开线齿轮

第二级减速机构为差动齿轮减速机构（即摆线针轮减速机构）。该级减速机构的输入部分为偏心轴（偏心轴单元如图 6-23 所示）与正齿轮相连接的部分。RV 齿轮通过滚针轴承安装在偏心轴上。滚针数量比 RV 齿轮的齿数多一个，均匀地排列在外壳内侧。如果外壳固定，正齿轮转动，则 RV 齿轮由偏心轴带动做偏心运动。偏心轴转动一圈，RV 齿轮就沿曲柄轴的反方向转动一个齿，如图 6-24 所示。这个转动被输出到第二级减速机构的输出轴。若将轴固定，则外壳侧成为输出轴。

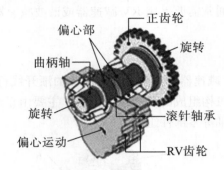

图 6-23　偏心轴单元

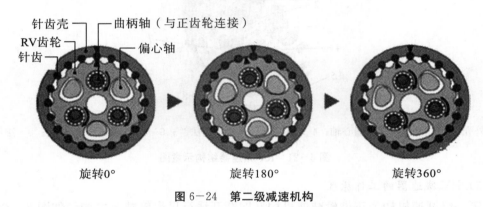

旋转0°　　　　　旋转180°　　　　　旋转360°

图 6-24　第二级减速机构

3）RV 减速器的特点

①具有大范围的传动比和高的传动效率。

②具有大的扭转刚度。

③具有高精度和小间隙回差。

④结构复杂，体积小。

2. 谐波减速器

谐波传动是通过控制柔性齿轮的弹性变形来传递机械运动。传动时，柔性齿轮产生一个基本对称的变形波，简称谐波，故该传动方式被称为谐波传动。谐波传动装置既能做减速传动也能做增速传动，但通常用于减速传动，故称为谐波减速器。

1）谐波减速器的结构

如图 6-25 所示，谐波减速器主要由谐波发生器、柔性齿轮（柔轮）、刚性齿轮（刚轮）等零部件构成。

1—刚轮；2—柔轮；3—谐波发生器。

图 6-25　谐波减速器结构示意图

2）谐波减速器的工作原理

谐波传动装置作为减速器使用时，通常采用谐波发生器输入、刚轮固定、柔轮输出的形式。如图 6-26 所示为谐波发生器带着柔轮转动一周的过程中，柔轮相对于刚轮的位置变化过程。图中的柔轮齿数比刚轮齿数少 2 个。

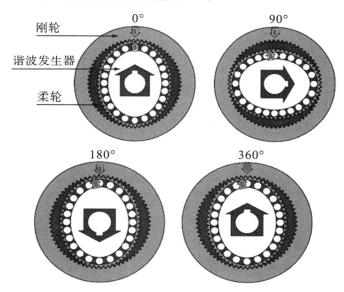

图 6-26　谐波减速器工作原理示意图

在装配前，柔轮及其内孔为圆形。将谐波发生器装入柔轮的内孔后，因谐波发生器的直径略大于柔轮的内孔直径，柔轮被撑成椭圆形，迫使柔轮在椭圆的长轴方向与固定的刚轮完全啮合，在短轴方向与刚轮完全分离，其余各处的齿视柔轮回转位置的不同，处于"啮入"或者"啮出"状态。由于刚轮固定，谐波发生器在逆时针转动时，柔轮作顺时针转动。当谐波发生器连续回转时，柔轮长轴和短轴的"啮入""啮出"位置随之不断变化，依次经历啮入、啮合、啮出、分离、啮入、啮合……循环往复，迫使柔轮连续转动。

3）谐波减速器的特点

①具有大的传动比。

②具有高的承载能力、传动精度和传动效率。

③结构简单，体积小，安装方便。

④柔轮易产生疲劳破坏。

⑤不宜用于小功率传动。

思考题

1. 简述带传动的分类及特点。
2. 简述链传动的分类及特点。
3. 简述齿轮传动的特点。
4. 简述滚珠丝杠传动的特点。
5. 简述空气压缩机的工作原理。
6. 简述 RV 减速器的工作原理。
7. 简述谐波减速器的工作原理。

任务 7　工业机器人外围电气控制设备简介

【知识点】
了解工业机器人常用外围电气控制设备的基本结构及工作原理。
【技能点】
认识工业机器人外围电气控制设备。

7.1　常用交流电气设备

7.1.1　低压断路器

低压断路器是低压电路中重要的开关和保护电器，可以在电路正常工作的情况下接通和分断电路，也可以在电路出现过载、欠压或短路等故障时快速切断电路，实现对电路和电气设备的保护。常见三相低压断路器如图 7-1 所示。

图 7-1　三相低压断路器实物外观

1. 低压断路器的类型
①按结构形式分：万能式、塑壳式。
②按操作方式分：人力操作式、储能操作式和动力操作式。
③按安装方式分：插入式、固定式和抽屉式。
④按极数分：单极式、二极式、三极式、四级式。极数是指断路器能控制的相线和零线数量。

2. 低压断路器的结构与工作原理

常见三相低压断路器的结构示意图如图7-2所示。

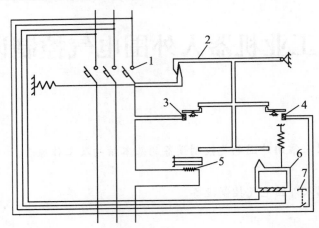

1—主触头；2—自由脱扣器；3—过电流脱扣器；

4—分离脱扣器；5—热脱扣器；6—欠压脱扣器；7—按钮。

图7-2 三相低压断路器结构示意图

低压断路器主要由三部分组成：触点系统、灭弧系统以及各类脱扣器。低压断路器的主触头是靠手动或电动合闸。主触头闭合之后，自由脱扣机构将主触头锁在合闸位置上。

当电路发生严重过载或短路时，过电流脱扣器联合自由脱扣器动作，断开主触头；当电路欠压时，欠压脱扣器联合自由脱扣器动作，断开主触头；当远距离控制时，按下远程控制按钮，分离脱扣器联合自由脱扣器动作，断开主触头。

3. 低压断路器的型号说明

如图7-3所示，低压断路器的型号分为8部分：第一部分用大写字母表示断路器结构形式，如"DZ"表示装置式（塑壳式），"DW"表示万能式；第二部分使用数字表示设计代号；第三部分用大写字母表示额定短路通断能力；第四部分用数字表示壳架等级额定电流；第五部分用大写字母表示操作方式；斜线后的三个部分一般省略。例如：DZ20C160表示设计代号为20，壳架等级额定电流为160A的经济型塑壳式低压断路器。

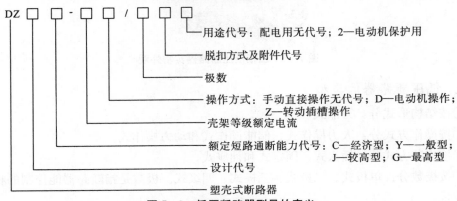

图7-3 低压断路器型号的意义

4. 低压断路器选用注意事项

低压断路器的选用是控制电路设计中很重要的部分，主要依据以下原则进行选择：

①当额定电流低于 600A 且短路电流不太大时，应选用塑壳式断路器；当额定电流很大，短路电流也很大时，应选用万能式断路器。

②所选低压断路器的额定电流必须大于或等于电路的负载工作电流。

③所选低压断路器的额定电压必须大于或等于电路的额定电压。

④低压断路器脱扣器的额定电流必须大于或等于电路的负载工作电流。

⑤低压断路器的极限通断能力必须大于或等于电路的最大短路电流。

⑥低压断路器欠电压脱扣器的额定电压应等于电路的额定电压。

7.1.2　接触器

广义的接触器是指用来频繁接通或断开交直流主电路及控制电路的自动控制电器。其驱动方式多样，有电磁驱动型、液压驱动型以及气动型等。由于电磁驱动型接触器简单、方便、可靠、使用范围广泛，我们一般所说的接触器都是指电磁驱动型接触器。电磁驱动型接触器是依靠电磁力的作用，通过主触头闭合或分断来频繁地接通或分断带有负载的主电路，一般具有欠电压、零电压释放功能。常见接触器的外形如图 7-4 所示。

图 7-4　常见接触器的外形

1. 接触器的类型

①根据负载电流类型分：交流接触器、直流接触器。

②根据主触点的极数分：单极式、双极式、三极式、四极式、无极式。极数表示接触器主触点的对数。

③按灭弧介质分：空气式接触器、真空式接触器。

④按动作方式分：直动式接触器、转动式接触器。

其中，三极式交流接触器的应用最为广泛。

2. 直动式三极空气式交流接触器的结构与工作原理

如图 7-5 所示为直动式三极空气式交流接触器的结构示意图，其由电磁系统、触点系统、灭弧系统及其他部分组成。电磁系统包括电磁线圈和铁心，是接触器的重要组成部分，负责驱动各类触点闭合或断开。触点系统是接触器的执行部分，包括主触点和辅助触点。灭弧系统主要由灭弧罩和强磁吹弧回路构成，可以保证在触点断开时迅速切断电弧，避免触点被烧蚀或熔焊。接触器一般都带有半封式纵缝陶土灭弧罩。其他部分主要是绝缘外壳、弹簧、短路环、传动机构等。

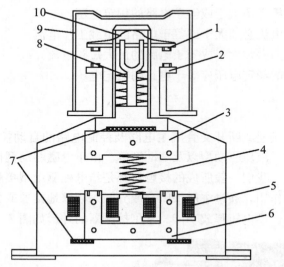

交流接触器自锁控制电路

1—动触头；2—静触头；3—衔铁；4—缓冲弹簧；5—电磁线圈；
6—铁心；7—垫毡；8—弹簧；9—灭弧罩；10—触头压力簧片。

图7-5 直动式三极空气式交流接触器结构示意图

当接触器的励磁线圈通电后，在衔铁气隙处产生电磁吸力，使衔铁吸合。由于主触点支持件与衔铁固定在一起，衔铁吸合带动主触点闭合，接通主电路。与此同时，衔铁还带动辅助触点动作，使其动合触点闭合、动断触点断开。辅助触点可以参与电路的控制，或者向相关控制设备提供接触器动作信号。

当线圈断电或电压显著降低时，电磁吸力消失或变小，衔铁在复位弹簧的作用下分开，使主、辅触点恢复到原来的状态，把电路切断。

接触器的图形符号及文字符号如图7-6所示。

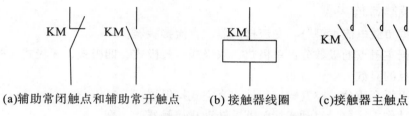

(a)辅助常闭触点和辅助常开触点　　(b)接触器线圈　　(c)接触器主触点

图7-6 接触器的图形符号及文字符号

3. 接触器的型号说明

接触器型号的各部分意义如图 7-7 所示。

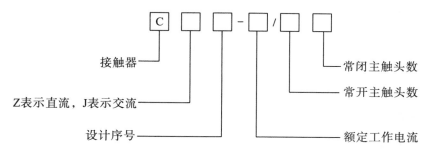

图 7-7　接触器型号的意义

例如，型号 CJ10-15 表示设计序号为 10、额定工作电流为 15A 的交流接触器，型号 CZ0-120/10 表示设计序号为 0、有一对主触点、额定工作电流为 120A 的直流接触器。

4. 接触器选用注意事项

①应根据被控电路的类型进行选择，对于交流负载应选用交流接触器，对于直流负载则应选用直流接触器。

②主触点的额定工作电压应大于或等于负载的额定工作电压。

③主触点的额定工作电流应大于或等于负载的额定工作电流。

④电磁线圈电流类型应与控制电路的电流类型相同，而线圈的额定工作电压则应与控制电路的电压等级一致。同时应保证接触器在 85% 额定控制电压下能正常工作。

⑤接触器的触点数量应满足控制系统的要求。

7.1.3　熔断器

熔断器是低压电路中最简单的过载及短路保护电器。熔断器的内部装有一个低熔点的熔体，串联于电路中。正常工作时，熔体相当于导体，保证电路处于接通状态；当电路发生过载或者短路时，熔体可快速熔断，断开电路，从而保护电路中的其他电器。

熔断器作为一种常见的保护电器，具有结构简单、体积小、质量轻、价格低、使用维护方便等优点，得到了非常广泛的应用。其图形符号及文字符号如图 7-8 所示。

图 7-8　熔断器的图形符号和文字符号

1. 熔断器的结构

熔断器主要由熔体和安装熔体的熔管或熔座组成。

熔体是熔断器的主要组成部分，常制作成片状或丝状。对熔体材料的要求如下：熔点低，易于快速熔断；导电性能好；不易氧化且易于加工。

制作熔体的材料一般有锡、铅、锌及其合金，大电流场合还会用到银或铜作为熔体的材料。

熔管或熔座是熔体的安装基座和保护外壳，一般采用陶瓷材料制作。它在熔体熔断时还具有灭弧的作用。

2. 常用熔断器

常用熔断器有瓷插式（RC1A 系列）、螺旋式（RL1 系列）、无填料封闭管式（RM10 系列）及其他类型。在此以常用的瓷插式、螺旋式、无填料封闭管式熔断器为例进行介绍。

1）瓷插式熔断器

如图 7-9 所示，RC1A 系列瓷插式熔断器由瓷盖、瓷座、熔体、动触头、静触头、空腔组成。瓷盖和瓷座均由电工陶瓷制成，电源线及负载线分别接在瓷座两端的静触头上。瓷座中间有一空腔，与瓷盖突出部分构成灭弧室。熔体接在瓷盖的两个动触头上，并紧贴瓷盖凹槽。使用时，将瓷盖插入瓷座即可。RC1A 系列瓷插式熔断器具有尺寸小、价格便宜、更换方便等优点，广泛用于民用、工业领域的短路保护电路中。

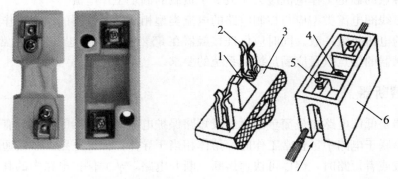

1—熔体；2—动触头；3—瓷盖；4—空腔；5—静触头；6—瓷座。

图 7-9　RC1A 系列瓷插式熔断器实物外观及结构示意图

2）螺旋式熔断器

RL1 系列螺旋式熔断器由瓷座、瓷帽、熔断管、瓷套、上下接线端等组成。其实物外观及结构示意图如图 7-10 所示。

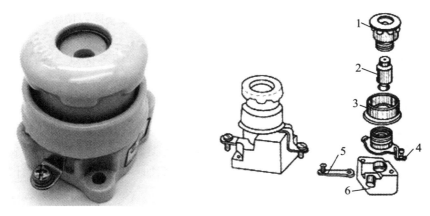

1—瓷帽；2—熔断管；3—瓷套；4—上接线端；5—下接线端；6—瓷座。

图 7-10 RL1 系列螺旋式熔断器实物外观及结构示意图

熔断管是一个瓷管，内部装有熔丝，并在熔丝周围填满了石英砂，用于熄灭电弧。在熔断管的上端有一个小红点，熔丝熔断后，红点会自动脱落，表明熔丝已熔断。使用时，将熔断管有红点的一端插入瓷帽，再将瓷帽旋入瓷座。

注意：接线时，用电设备的连接线要接到上接线端，电源线接到下接线端，以保证在旋出瓷帽时，螺纹壳不带电。

RL1 系列螺旋式熔断器体积小且安装面积小，更换熔管安全、方便，熔丝熔断后有指示，一般用于额定电压 500V 以下、额定电流 200A 以下的交流电路或电动机控制电路中，作为过载或短路保护。

3) RM 系列无填料封闭管式熔断器

RM 系列无填料封闭管式熔断器由熔管、熔体和插座等组成，熔体被封闭在无填充材料的熔管内。其实物外观及结构示意图如图 7-11 所示。

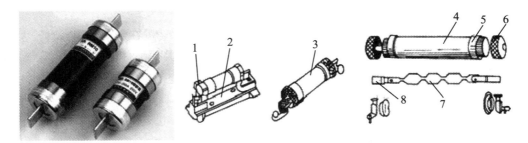

1—插座；2—底座；3—熔管；4—钢纸管；5—黄铜套管；6—黄铜帽；7—熔体；8—触刀。

图 7-11 无填料封闭管式熔断器实物外观及结构示意图

常见的 15A 以上熔断器的熔管由钢纸管、黄铜套管和黄铜帽等构成。新型产品中熔管已用耐电弧的玻璃钢制成。常用的无填料封闭管式熔断器有 RM7 和 RM10 系列。

无填料封闭管式熔断器有两种类型：一类是采用变截面锌片作熔体。当电路过载或短路时，锌片的狭窄部分温度会急剧升高并首先熔断。一般锌片具有多个狭窄部分，会几乎同时熔断，在内部形成较大空隙，便于灭弧。另一类是采用钢纸管或三聚氰胺玻璃作熔管。当电路过载或短路时，熔体快速熔断，并分解大量气体，使密封管内的压力迅速增大，从而实现电弧迅速熄灭。

无填料封闭管式熔断器具有灭弧能力强、熔体更换方便等优点，被广泛用于发电厂、变电所以及电动机的保护电路中。

3. 熔断器的型号说明

如图 7-12 所示，熔断器的型号分为 4 部分：第一部分用大写字母"R"表示熔断器，第二部分使用不同的大写英文字母表示熔断器的类型，第三部分用数字表示设计序号，第四部分用数字表示熔断器的额定工作电流。例如：RL1-60 表示设计序号为 1、额定工作电流为 60A 的螺旋式熔断器。

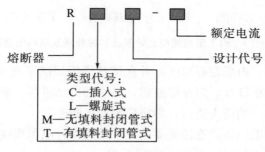

图 7-12　熔断器型号的意义

4. 熔断器选用注意事项

选择熔断器的一般原则是：先根据被保护电路的需要选择熔体的规格，再根据熔体的规格确定熔断器的规格。

1）熔体额定电流的选择

①对于照明设备和电热设备等电阻性负载的短路保护，熔体的额定电流应等于或稍大于负载的额定电流。

②对于电动机的短路和过载保护，熔体的选择应考虑电动机在启动期间会有较大的电流，在此期间熔丝不能熔断。因此，应选择额定电流较大的熔体。其一般计算规则是：熔体额定电流＝（1.5～2.5）×电动机的额定电流。

2）熔断器的选择

熔断器的额定电压和额定电流应大于或等于电路的额定电压以及所装熔体的额定电流，而熔断器的类型则根据线路要求和安装条件来选择。

7.1.4　变压器

变压器是运用电磁感应原理，将一种电压等级转换为同频率的另一种电压等级，或电压等级不变但实现电气隔离的交流电气设备。变压器具有变压、变流、阻抗变换及电路隔离等功能。

1. 变压器的结构与工作原理

变压器类型多样，不同类型的变压器外观差别很大，但内部结构和工作原理基本相同。图 7-13 所示是电子和电气设备中常见的变压器。

(a) 电源变压器　　　(b) 自耦变压器　　　(c)环形变压器

(d) 中频变压器　　　(e) 天线变压器　　　(f)音频变压器

图 7-13　常见的变压器

现以常见的小型电源变压器为例，介绍变压器的结构和工作原理。

1）小型电源变压器的结构

小型电源变压器是由铁心及安装在铁心上的线圈绕组、骨架、绝缘纸、外壳等部件组成，如图 7-14 所示。

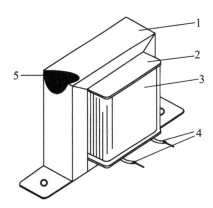

1—外壳；2—骨架；
3—绕组；4—引出线；5—铁心。

图 7-14　小型电源变压器的结构示意图

①铁心：通常采用 0.3mm 或 0.5mm 厚，表面涂有绝缘材料的硅钢片叠压而成，其常见形状有 E 形、C 形等，如图 7-15 所示。

图 7-15　铁心

②绕组：变压器的绕组一般采用漆包铜线绕制而成。小型电源变压器一般有两个绕组，分别为初级侧绕组（输入绕组）和次级侧绕组（输出绕组）。在绕制时，一般将漆包线分层绕制，形成多层结构，层与层之间放置绝缘纸，以达到更高的绝缘强度。

2）小型电源变压器的工作原理

当变压器的初级绕组接在交流电源上时，线圈中变化的电流产生变化的磁场，形成交变磁通。大部分交变磁通在铁心中传播。铁心中的交变磁通又在次级绕组中感应出一个电压。其工作原理示意图如图7－16所示。

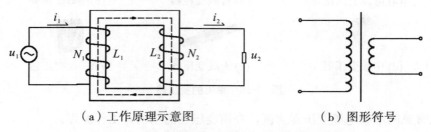

（a）工作原理示意图　　　　　（b）图形符号

图 7－16　变压器工作原理示意图与图形符号

次级绕组中的感应电压和初级绕组与次级绕组的匝数比有关，基本上成正比关系，即

$$N_1/N_2 = U_1/U_2$$

式中，N_1、N_2为初、次级绕组的匝数，U_1为初级绕组的电压有效值，U_2为次级绕组所感应出的电压有效值。

简而言之，变压器初、次绕组电压有效值之比，等于初、次级绕组的匝数之比。

由于电源变压器传输的功率不变（实际上变压器自身有功耗损失，输出功率始终略小于输入功率），因此，初、次级绕组中的电流有效值之比，等于初、次级绕组的匝数之比的倒数，即

$$I_1/I_2 = N_2/N_1$$

理想变压器不存在功率损耗，而实际变压器总是存在功率损耗，但其效率仍然很高，一般电源变压器的效率可以达到90%。

2. 变压器选用注意事项

①根据工程实际，选择单相变压器或三相变压器。若设备需要较大的功率，建议选择三相变压器。

②根据负载设备的电压、电流需求来选择变压器的输出电压等级、额定电流值、输出数量等。

③根据负载设备的功率值来确定变压器的容量。

7.1.5　航空插头

航空插头是一种用于快速连接电气线路的低压电器，常作为各类电源的接取口。其实物外观如图7－17所示。

图 7-17　常见的航空插头

1. 航空插头的分类

①按工作频率分：低频航空插头、高频航空插头。

②按用途分：音响设备用航空插头、电源用航空插头、机柜用航空插头以及特殊用途航空插头等。

③按结构分：卡口式航空插头、螺纹式航空插头和弹子式航空插头。

2. 航空插头的结构和工作原理

航空插头的结构非常简单，主要由插头和插座组成，如图 7-18 所示。其中插头又称自由端航空插头，插座又称固定端航空插头。

其工作原理是，将插头插入插座时，可快速实现电路的接通，其锁止机构锁紧，防止松动；从插座中拔出插头时，可快速实现电路的分断。

图 7-18　航空插头与插座

3. 航空插头选用注意事项

①航空插头的额定工作电压必须大于或等于电路的最高工作电压。

②航空插头的额定工作电流必须大于或等于电路的最大工作电流，以避免发热量过大造成故障。

③在需要具备防水功能的工作环境中，应根据具体的防水要求选择防水等级。

④用于传输信号的航空插头，需要具备屏蔽功能，以防止外部电磁干扰或对外产生电磁干扰。

⑤一般的航空插头不仅要防止被引燃，还要能在已被引燃后的短时间内自灭。

⑥选用航空插头时要根据工作环境的插拔频率选择机械寿命。通常规定航空插头的机械寿命为插拔 500~1000 次。

7.2 常用直流电气设备

7.2.1 开关电源

开关电源是一种以开关晶体管和高频变压器为核心部件实现交流—直流—脉动交流—直流的变换过程，从而获得一组或多组电压值的电气设备。常见开关电源的外观如图 7-19 所示。

图 7-19　开关电源实物外观　　　　　开关电源的结构与工作原理

1. 开关电源的结构与工作原理

开关电源有脉宽调制型（PWM）开关电源、脉频调制型（PFM）开关电源、脉冲密度调制型（PDM）开关电源、混合型开关电源等。

在此以常见的脉宽调制型开关电源为例，介绍开关电源的内部组成和工作原理。如图 7-20 所示，开关电源一般由输入回路、功率变换器模块、整流模块、滤波模块以及开关电源控制器模块等部分组成。

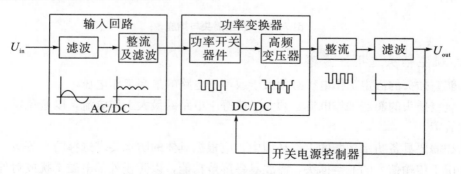

图 7-20　开关电源组成框图

交流市电进入输入回路后，无须通过电源变压器变换电压，直接进行滤波、整流、再滤波,将其变为直流电。

功率变换器中的功率开关晶体管受开关电源控制器控制,以固定的高频导通或截止。直流电的流通受开关晶体管控制,在开关晶体管高速通断作用下,形成高频脉冲直流电。而开关晶体管导通时间的占比,决定了高频脉冲直流电的有效值。

高频脉冲直流电经高频变压器变压,形成多个电压值。最后对多个支路的直流电压进行整流和滤波,获得多个稳定的直流电压值。

2. 开关电源的特点

相较于传统线性电源,开关电源有很多优点。

①效率高。由于开关电源的开关晶体管工作在开关状态,功率损耗很小,因此其转换效率很高,通常可以达到80%~90%。

②体积小、质量轻。开关电源省去了传统的电源变压器,所用高频变压器体积很小,质量很轻,使整个电源的质量减少到传统同等级功率稳压电源的1/5左右,体积也大大缩小。

③稳压范围宽。输入交流电压在176~264V之间变化时,开关电源都能实现良好的稳压,输出电压的变化幅度可控制在2%以下。而且在输入交流电压变化时,其工作仍能保持较高效率。

④安全可靠。开关电源内部设计有保护电路,在发生过载或短路等故障时能自动快速切断电源。

⑤滤波电容容量小。由于开关电源中的开关晶体管采用了较高的开关频率,所以滤波电容的容量可以设计得比较小,易于实现整个设备的小型化。

3. 开关电源选用、使用注意事项

①所选开关电源在电压类型、电流容量上应满足工作要求。

②所选开关电源应能适应环境温度、湿度等方面的要求。

③所选开关电源的输出波纹应小于设备允许范围。一般开关电源的输出波纹按照$1\% U_o$来确定。

④使用时输入电压不能超出开关电源的允许范围。常见的开关电源有 AC 输入型和 DC 输入型之分,AC 输入型开关电源的输入电压范围有 AC 176~264V、AC 90~132V、AC 90~264V 等,常见 DC 输入型开关电源的输入电压范围为 DC 36~72V。

⑤使用时输入频率不能超出开关电源的允许范围。通常开关电源的输入频率范围为47~63Hz。

⑥使用时的启动冲击电流不能大于开关电源允许值。

7.2.2 电磁继电器

电磁继电器是一种借助通电线圈产生的电磁力吸引衔铁,从而带动触点运动,实现触点断开、闭合的控制电器。它可以实现用弱电控制强电。常见继电器的外观及图形符号如图 7-21 所示。

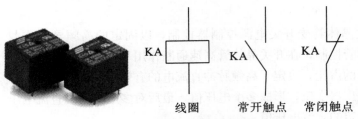

线圈　　　常开触点　　常闭触点

图 7-21　常见继电器实物外观及图形符号

电磁继电器与接触器的异同

1.　电磁继电器的结构与工作原理

1)　电磁继电器的结构

如图 7-22 所示，电磁继电器一般由磁路系统、触点系统和返回机构等几部分组成。磁路系统包括线圈、铁心、磁轭以及衔铁等。触点系统包括衔铁和触点等。返回机构包括弹簧、衔铁等。

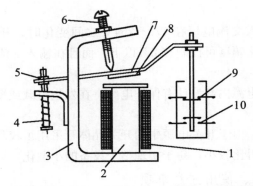

1—线圈；2—铁心；3—磁轭；4—弹簧；5—调节螺母；
6—调节螺钉；7—衔铁；8—非磁性垫片；9—动断触点；10—动合触点。

图 7-22　电磁继电器结构示意图

2)　电磁继电器的工作原理

以机械触点型电磁继电器为例，当电磁继电器的线圈通电时，根据电流的磁效应，线圈中的电流将产生磁场，在铁心上产生磁极。磁极吸引衔铁，使衔铁克服弹簧的反作用力向下运动，并带动触点运动，从而实现常闭触点断开、常开触点闭合。

当线圈断电时，磁场消失，铁心失去对衔铁的吸引力。在弹簧的作用下，衔铁带动触点向上运动，使常闭触点恢复闭合状态、常开触点恢复断开状态。

基于上述原理，电磁继电器通过对触点的控制，实现直接控制电气设备或为其他电气设备提供控制信号。

2.　电磁继电器的分类

(1)　按外形尺寸分类

①微型继电器：最长边尺寸小于 10mm。

②超小型继电器：最长边尺寸为 10mm～25mm。

③小型继电器：最长边尺寸为 25mm～50mm。

（2）按输入电流分类

①直流继电器：控制电流为直流的电磁继电器。

②交流继电器：控制电流为交流的电磁继电器。

（3）按有无触点分类

①机械触点型继电器：内部有机械触点，通过衔铁带动触点运动来实现触点的断开或闭合。

②固体继电器：内部没有机械触点和运动机构，而是利用半导体器件的开关特性，通过输入控制信号使半导体器件导通或截止，进而实现对电路的通断控制。

（4）按在电路中的功能分类

①控制型电磁继电器：用于直接控制终端电气设备的电磁继电器。

②中间型电磁继电器：用于扩充触点数量、触点容量或传递控制信号的电磁继电器。

3. 电磁继电器的应用

在生活和生产中，常将电磁继电器用作终端执行电器，来实现低电压控制高电压、小电流控制大电流，以及远程控制、电气隔离等功能。

如图7－23所示，是利用小直流信号控制三极管的导通与截止，从而控制直流5V继电器的线圈得电与否，使继电器的触点吸合或断开，实现对220V交流电路的通断控制，继而实现对220V单相交流电动机的启停控制。

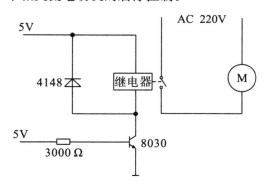

图7－23　电动机启停控制

4. 电磁继电器选用注意事项

①电磁继电器的工作电压（控制电压）一般是直流电压，应等于电路的控制电压。

②应根据电路要求选择电磁继电器触点的数量和容量。触点数量是指常开触点或常闭触点的个数。触点容量是指触点正常工作所允许通过的最大电流。

③电磁继电器的动作时间（吸合时间和断开时间）应满足控制电路的要求。

④在特殊的工作环境中，应考虑电磁继电器能够承受的温度、湿度以及工作寿命等参数。

7.2.3　电磁阀

电磁阀是一种用电信号控制阀体动作，从而控制管路中的流体通断或改变流体流动方向的控制器件。常见电磁阀的外观如图 7-24 所示。

图 7-24　常见电磁阀的外观

1. 电磁阀的结构与工作原理

1) 电磁阀的结构

如图 7-25 所示,电磁阀一般由阀体、阀盖、电磁线圈、动铁心、主阀芯以及信号反馈器等部件组成。

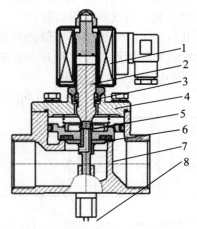

1—电磁线圈；2—动铁心；3—弹簧；4—阀盖；

5—泄压孔；6—主阀芯；7—阀体；8—信号反馈器。

图 7-25　电磁阀结构示意图

2) 电磁阀的工作原理

在单通道的电磁阀中,电磁线圈得电,产生的磁力吸引铁心,带动主阀芯克服弹簧的作用力向上运动,从而实现管路导通,使流体可以通过。当电磁线圈失电时,磁力消失,在弹簧的作用下,主阀芯被紧压在阀口,从而使管路截断,流体无法通过。部分具有信号反馈器的电磁阀,在工作过程中能够将电磁阀阀芯的工作状态反馈至相关控制电路。上述工作过程如图 7-26 所示。

多通道的电磁阀还可实现改变流体的流动路线,在此不详述。

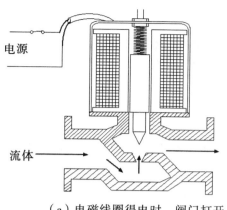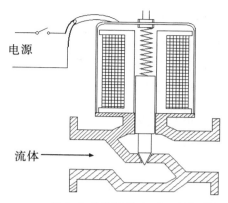

（a）电磁线圈得电时，阀门打开　　　（b）电磁线圈失电时，阀门关闭

图 7-26　电磁阀工作过程示意图

2. 电磁阀的分类

①按流体类型分类：气用电磁阀、液用电磁阀。

②按管道工况分类：制冷电磁阀、高温电磁阀及高压电磁阀等。

③按工作原理分类：直动式电磁阀、先导式电磁阀和分步直动式电磁阀。

④按控制通路数分类：1 位 2 通电磁阀、2 位 2 通电磁阀、2 位 3 通电磁阀等。

⑤按线圈供电类型分类：交流电压型电磁阀（220V、380V、110V、24V 等）；直流电压型电磁阀（24V、12V、6V 等）。

3. 电磁阀的应用

电磁阀常被用作流体通道的控制器件，控制流体的导通或截止，或改变流体流动路线。在工业机器人领域，常用电磁阀作为气缸的控制器件，通过控制电磁阀电磁线圈的得电与失电，控制高压气路的导通与截止，实现对气缸的运动控制。

如图 7-27 所示是常见的用电磁阀控制气缸的连接图。

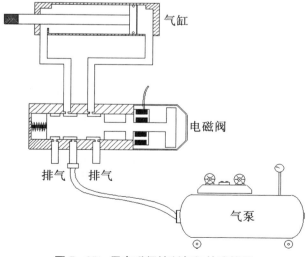

图 7-27　用电磁阀控制气缸的连接图

4．电磁阀选用注意事项

①应根据流体的类型和工况来确定电磁阀的基本类型以及管径。

②应根据设备的控制功能要求，选择电磁阀通路的数量。

③电磁阀的额定电压应等于控制电路的电压。

7.2.4　常用传感器

按照国家标准 GB/T 7665—2005《传感器通用术语》的定义，传感器是"能感受被测量并按照一定的规律转换成可用输出信号的器件或装置"。

1．传感器的分类

①按被测物理量分类：温度传感器、湿度传感器、压力传感器、位移传感器、速度传感器、光电传感器、磁传感器等。

②按输出量的类型分类：模拟量传感器和数字量传感器。

2．传感器的组成及基本工作原理

传感器通常由敏感元件、传感元件和测量转换电路组成，如图 7-28 所示。

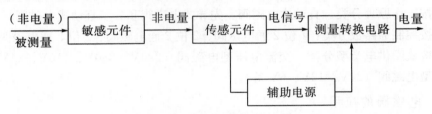

图 7-28　传感器工作原理示意图

敏感元件是用对某一物理量敏感的材料制作而成，能直接感受或响应被测量。

传感元件负责将敏感元件感受或响应的被测量转换为适合传输和测量的信号，一般转换为电压信号或电流信号。

测量转换电路负责对传感元件输出的微弱信号进行放大或转换处理，使其变为容易传输、处理、记录和显示的形式。

辅助电源负责为其他部分提供能源。

3．工业机器人常用传感器

工业机器人所用传感器按用途可分为内部传感器和外部传感器。其中，内部传感器安装在工业机器人本体上，包括位移、速度、加速度等传感器，用于检测工业机器人自身的状态，在伺服控制系统中作为反馈信号。外部传感器，如视觉、触觉、距离等传感器，用于检测工业机器人所处的外部环境和对象的状况等，如判别机器人抓取对象的形状、空间位置，抓取对象周围是否存在障碍，外部环境的温度、光线、声音等。

工业机器人对传感器的一般要求有：精度高，重复性好，稳定性和可靠性高，抗干扰能力强，质量轻，体积小，安装方便。

1）激光位移传感器

激光位移传感器的工作原理如下：激光发射器通过镜头将可见红色激光射向被测物

体表面，经物体表面反射的激光通过接收器镜头，被内部线性 CCD 相机接收，根据特定算法，即可得出被测物体离传感器的距离。

　　激光位移传感器可以非接触的方式精确测量被测物体的位置、位移等，主要用于检测物体的位移、厚度、直径、振幅、距离等几何量。常用激光位移传感器的实物外观及工作原理如图 7-29 所示。

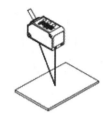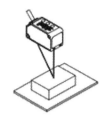

以背景物作为基准　　以检出物作为基准

图 7-29　激光位移传感器实物外观及工作原理示意图

　　2）气缸磁性开关

　　气缸磁性开关主要用于检测气缸中活塞的位置，亦即检测活塞的行程。它主要分为有触点式和无触点式。

　　气缸磁性开关由磁环和磁感应元件组成。磁环安装在非磁性材料的活塞上，随活塞一起运动。磁感应元件安装在气缸外壁指定位置。当活塞带动磁

气缸磁性开关的结构与工作原理

环到达磁感应元件所在位置时，磁感应元件在磁环的作用下闭合或断开，并输出相应的电信号至控制电路，实现对活塞运动位置的检测。其外观及安装位置如图 7-30 所示。

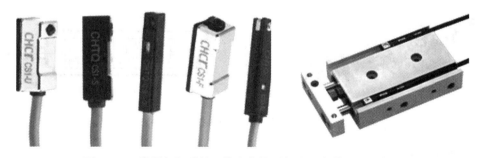

图 7-30　常见气缸磁性开关实物外形与实际安装位置示意图

　　3）颜色传感器

　　工业机器人可以通过颜色来识别物体，实现更高水平的智能化控制。颜色传感器主要分为 RGB 传感器和色差传感器。

　　RGB 传感器在工作时向被测物体发射三基色光线，由于不同颜色的物体对三基色光线的反射量不同，故 RGB 传感器接收并分析被反射的光线，即可检测出被测物体的

颜色。这种传感器对相似颜色和色调的检测可靠性较高。

色差传感器通过比较被测物体颜色与标准颜色，可以判断出被测物体颜色与标准颜色是否一致。这类传感器一般用于不需要识别被测物体具体颜色，而仅需要判断其颜色是否符合标准的场合。因此，除印染等特殊行业外，一般工业控制中都采用色差传感器。常见色差传感器的外观如图 7-31 所示。

图 7-31　常见色差传感器

4）接近开关

接近开关可以在非接触的情况下，检测靠近传感器的金属目标物。

接近开关根据操作原理可以分为高频振荡型、磁力型、电容型，根据检测方法又可分为通用型（主要检测黑色金属）、所有金属型、有色金属型。

工业机器人中，最常用的是所有金属型接近开关。它采用的是电磁高频振荡的工作原理，如图 7-32 所示。振荡电路中的线圈产生一个高频电磁场，当金属目标物靠近电磁场时，由于电磁感应，电磁场将在金属目标物中产生一个感应电流。金属目标物离电磁场越近，感应电流越大，振荡电路负载随之加大，直至停振。利用振幅检测电路检测振荡状态的变化，从而输出检测信号。

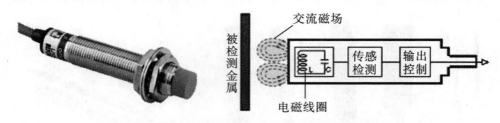

图 7-32　常见接近开关实物外观及工作原理示意图

5）激光对射传感器

激光对射传感器由激光发射端、激光接收端和处理电路组成。通过调试定位，在没有物体阻挡的情况下，发射端发射的激光信号能顺利被接收端接收到；当有不透明物体位于发射端和接收端之间时，接收端无法接收到发射端发出的激光信号。处理电路根据接收端是否接收到激光信号，给出相应检测信号。

常见激光对射传感器的外观如图 7-33 所示。

图 7-33　常见激光对射传感器

7.3　伺服电机与 PLC

7.3.1　伺服电机

伺服电机是伺服系统的终端执行设备，负责将输入的电压信号（即控制电压）转换成转矩或速度输出，以驱动控制对象。输入的电压信号称为控制信号或控制电压，改变控制电压的极性和大小，可改变伺服电机的转向和转速。伺服电机又被称为执行电机，其最大特点是有控制电压时，转子立即旋转，无控制电压时，转子立即停转。

1. 伺服电机的结构与工作原理

伺服电机分为交流和直流两大类。直流伺服电机又可分为有刷直流伺服电机和无刷直流伺服电机，交流伺服电机又分为异步交流伺服电机和同步交流伺服电机。本节以工业机器人中应用较为广泛的永磁同步交流伺服电机为例，介绍伺服电机的结构和工作原理。其结构如图 7-34 所示。

伺服电机的结构与工作原理

1—交流电机永磁体转子；2—交流电机定子；
3—交流电机外壳；4—电机电缆插座；5—编码器。

图 7-34　永磁同步交流伺服电机结构示意图

永磁同步交流电机定子上安装有 A、B、C 三相对称绕组，转子上安装有永磁磁钢，定子和转子通过气隙磁场进行耦合，如图 7-35 所示。

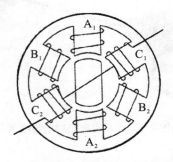

图 7-35　永磁同步交流电机绕组和气隙示意图

在电机的转轴尾部安装有旋转编码器，用于感知转轴的位置。三个对称绕组连接三相电源，通电后在电机内部产生旋转磁场。永磁体转子与旋转磁场相互作用，从而产生转矩，实现与旋转磁场同步运行。转子转速计算公式如下：

$$n = n_s = \frac{60f}{p}$$

式中，n——转子转速，r/min；

　　n_s——旋转磁场转速，r/min；

　　f——三相电源频率，Hz；

　　p——定子极对数；

伺服电机必须用伺服驱动器对电机进行控制，且一般采用闭环控制方式。伺服驱动器根据系统的指令和旋转编码器的位置反馈信息，采取调频调压的方式对永磁电机的转速和力矩进行调节，从而实现对设备的运动速度、力矩等的精确控制。

2. 工业机器人对伺服电机的性能要求

工业机器人作为高精度的机电设备，对伺服电机的性能有较高的要求：

①快速响应。伺服电机从获得指令信号到完成指令所要求的工作的时间应尽可能短。响应指令信号的时间越短，伺服系统的灵敏度越高，快速响应性能越好。

②启动转矩惯量比大。在驱动负载的情况下，要求伺服电机的启动转矩大，而且转动惯量小。

③控制特性的连续性和直线性。伺服电机的转速应能随着控制信号的变化而连续变化，甚至需要转速的增量与控制信号的增量成正比或近似成正比。

④调速范围宽。工业机器人在精细操作时速度很慢，而在普通操作时要保持高效率，速度又可以很快，因此就要求伺服电机能在较大的转速范围内正常工作。

⑤体积小，质量小，轴向尺寸短。

⑥能经受苛刻的运行条件，可进行十分频繁的正反向和加减速运行，并能在短时间内承受过载。

7.3.2 PLC

PLC 即可编程逻辑控制器，是专为工业环境下的应用而设计的新型工业控制装置。开发 PLC 的最初目的是取代继电器控制系统。与继电器相比，PLC 具有抗干扰能力强、可靠性高的特点，其无故障工作时间可以达到十几万小时。同时，PLC 还具有安装和操作简单、扩展能力强、体积小、编程简单、维护方便等许多优点。

PLC 控制电路设计流程

1. PLC 的结构和工作原理

1）PLC 的硬件组成

如图 7-36 所示，PLC 在功能上主要由中央处理器（CPU）、存储器、输入/输出（I/O）接口和电源四部分组成。

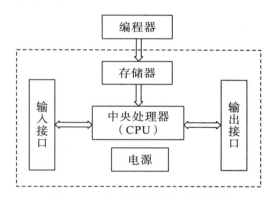

图 7-36 PLC 的硬件组成示意图

CPU 一般由控制器、运算器、寄存器组成，是 PLC 完成运算和控制功能的核心部分。它从存储器中读取指令并执行，对输入接口进行扫描，将扫描信息存入存储单元，并向输出接口输出数据。它还能诊断 PLC 自身的状态和故障类型，同时还负责通信的处理等。

PLC 中的存储器有 ROM（只读存储器）和 RAM（随机存取存储器）两种。ROM 用于存储系统程序和用户程序，在 PLC 工作状态下只能读取不能写入。RAM 用来存放 PLC 工作过程中产生的各种临时数据，如计算处理结果、中间变量、I/O 状态信息、定时器/计数器设定值等。

输入/输出接口中的输入接口用于各类控制信号、传感器信号的采集，输出接口用于对负载的驱动控制。

PLC 的接口还有通信接口和扩展接口。通信接口用于 PLC 与其他设备的通信，如与其他 PLC 通信，与计算机通信，与工控屏通信等。扩展接口是用于连接扩展模块的接口，可以扩充 PLC 的数字量输入点或模拟量输入点。

电源负责为 PLC 的正常工作提供各种电压。PLC 的电源一般采用外接 85～264V 交流电源。PLC 内部有整流稳压电路，可向外部设备提供一定功率的 24V 直流电源。PLC 内部还有备用锂电池，用于在断电时保持数据不丢失。

2）PLC 的工作原理

PLC 的工作方式与计算机有所不同。计算机运行程序时，一旦执行到 END 指令，程序运行结束。而 PLC 主要采用扫描工作方式：从 0 号存储地址第一条用户程序开始，在无中断或跳转的情况下，按存储地址号递增的方向顺序逐条执行用户程序，直到 END 指令结束，然后重新从第一条指令开始执行，如此循环，直到 PLC 停机或者被切换到 STOP 状态。

PLC 的扫描工作方式分为三个阶段：输入扫描阶段、程序执行阶段、输出刷新阶段。

输入扫描阶段：PLC 开始工作后首先扫描输入端口，按输入端口的顺序把所有输入状态信号写入输入映像寄存器中。

程序执行阶段：PLC 完成输入扫描阶段的工作后，从 0 号地址的指令开始进行逐条扫描、执行，并分别从输入映像寄存器和输出映像寄存器中获得所需要的数据，进行处理后，再将程序执行结果写入输出映像寄存器中。

输出刷新阶段：在执行到 END 指令时，PLC 将输出映像寄存器中的内容送到输出锁存器中进行输出，驱动相应的电气设备。

2．PLC 的分类

①按结构分：整体式、组合式。

②按 I/O 点数分：256 点以下的为小型 PLC，256～1024 点的为中型 PLC，1024 点以上的为大型 PLC。

3．常用 PLC 简介

PLC 生产厂家很多，并且各厂家生产的 PLC 品种繁多，特点各异。在目前的各种工控领域，使用较多的是三菱 PLC 和西门子 PLC。

1）三菱 PLC

三菱小型 PLC 共分为 F 和 FX 两大系列。FX 系列包含了 FX_0、FX_2、FX_{0S}、FX_{0N}、FX_{2C}、FX_{1S}、FX_{1N}、FX_{2N}、FX_{2NC} 等子系列型号。常见的 FX_{2N} 系列 PLC 如图 7-37 所示。

图 7-37　FX_{2N}-32MR PLC

三菱 FX_{2N} 系列 PLC 吸收了整体式和模块式 PLC 的优点，其基本单元、扩展单元和扩展模块的高度和宽度相等，相互连接时无须使用基板，仅通过扁平电缆连接，紧密拼装后组成一个长方体整体。

2）西门子 PLC

西门子 PLC 中，占市场份额较大的是 S7 系列，它包括 S7-200、S7-300、S7-400 等子系列型号。图 7-38 所示为 S7-200 系列 PLC。

图 7-38　S7-200 系列 PLC

西门子 S7 系列 PLC 是在 S5 系列 PLC 的基础上开发出来的，属于结构紧凑、成本较低的小型 PLC。在运行速度方面，它具有较短的指令处理时间，可缩短循环周期。其高速计数器采用专用指令编程，扩大了小型 PLC 的应用范围。其高速中断处理使得单机对过程事件可以进行快速响应。而在功能方面，S7 系列 PLC 增加了专用模块来扩大能力，如控制步进电机的固有脉冲输出，也可以用于脉宽调制。

思考题

1. 低压断路器的主要作用是什么？
2. 在发生严重短路故障时，低压断路器是如何分断电路的？
3. 交流接触器的灭弧罩有什么作用？
4. 如何用交流接触器实现一个简单的自锁电路？
5. 对于电阻性负载和电感性负载，选择熔体的原则是否相同？为什么？
6. 变压器的主要功能是什么？
7. 作为通断电器，航空插头有何优点？
8. 开关电源与传统电源相比有何优点？
9. 继电器与接触器都是电磁控制开关类电器，它们之间有何异同？
10. 如果电磁阀的工作电压低于额定电压，会出现什么现象？
11. 传感器是如何将非电量转换为电量的？
12. 工业机器人中为何采用伺服电机作为终端执行器件？
13. 简述 PLC 的硬件组成。

学习模块三 那智（NACHI）工业机器人入门

任务8 认识那智工业机器人

【知识点】

了解那智工业机器人的基本组成。

【技能点】

掌握那智工业机器人工作站的基本操作。

8.1 那智工业机器人系列产品

那智工业机器人的产品系列更新换代很快，迄今已有十多代产品，主要用于汽车生产制造领域，如图8-1所示。

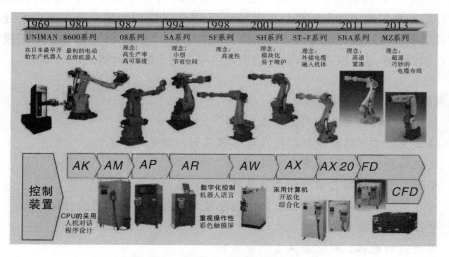

图8-1 那智工业机器人产品系列

1. 那智工业机器人型号的含义

那智工业机器人的型号由四部分组成，分别表示系列名称、可搬运质量、机器人的类型及版本、控制器的类型，如图8-2~图8-5所示。

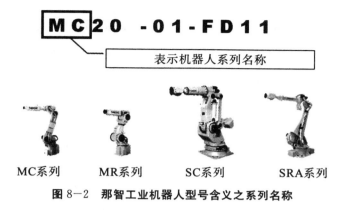

图 8-2 那智工业机器人型号含义之系列名称

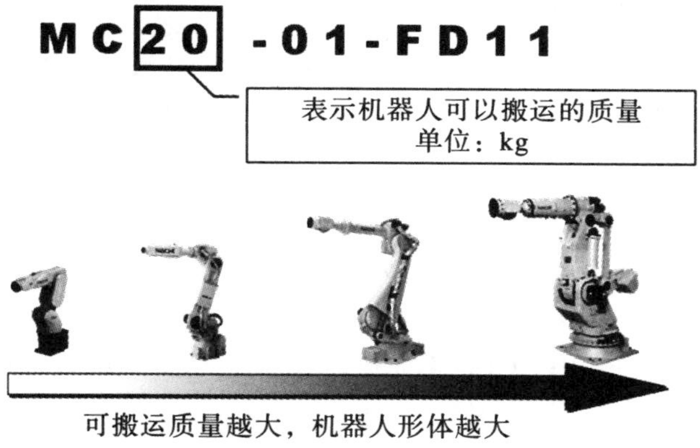

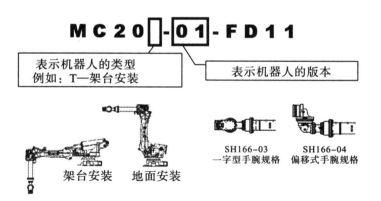

图 8-3 那智工业机器人型号含义之可搬运重量

MC20□-01-FD11

表示机器人的类型
例如：T—架台安装

表示机器人的版本

架台安装　　地面安装

SH166-03
一字型手腕规格

SH166-04
偏移式手腕规格

图 8-4 那智工业机器人型号含义之机器人类型及版本

　　注：版本号不一样时，电机和手腕的规格都会变化。因为存在作业程序不能互换的情况，请注意。

$$\boxed{\begin{array}{l} \text{M C 2 0 } \text{-0 1-} \boxed{\text{F D 1 1}} \\ \text{M C 2 0 } \text{-0 1-} \boxed{\text{A X 2 0}} \end{array}}$$

表示控制装置的类型

FD11控制装置　　　　　　AX20控制装置

图8-5　那智工业机器人型号含义之控制装置类型

注：不同机器人所使用的控制装置的型号不同。一台机器人可用多台控制装置控制。

需要特别说明的是，那智工业机器人的可搬运质量是指其臂杆在工作空间中处于任意姿态时关节端部能搬运的最大质量。处于不同的工作姿态时，其允许的最大搬运质量是不同的。

2．基本规格参数

现以MZ04-01和MZ04E-01-CFD工业机器人为例加以说明。

1）机器人本体基本规格参数

MZ04-01和MZ04E-01-CFD工业机器人本体的基本规格参数如表8-1所示。

表8-1　基本规格参数

项目		规格	
		MZ04-01	MZ04E-01-CFD
结构		关节型	
关节数		6	
驱动方式		AC伺服方式	
最大动作范围	第1轴	±170°	
	第2轴	-145°~90°	
	第3轴	-125°~280°	
	第4轴	±190°	
	第5轴	±120°	
	第6轴	±360°	
最大速度	第1轴	480°/s	200°/s
	第2轴	460°/s	150°/s
	第3轴	520°/s	190°/s
	第4轴	560°/s	560°/s
	第5轴	560°/s	560°/s
	第6轴	900°/s	900°/s
可搬运质量	手腕部分	4 kg	

续表

项目		规格	
		MZ04－01	MZ04E－01－CFD
手腕部位允许静负荷扭矩	第4轴	8.86 N·m	
	第5轴	8.86 N·m	
	第6轴	4.9 N·m	
手腕部位允许最大惯性矩	第4轴	0.2 kg·m²	
	第5轴	0.2 kg·m²	
	第6轴	0.07 kg·m²	
位置重复精度		±2.02 mm	
最大工作半径		541 mm	
空气配管		ϕ 6 mm×2	
信号线		10芯	
安装方法		落地式/壁挂式/倾斜式/悬吊式	落地式/悬吊式
主体质量		26 kg	25 kg

2）外形尺寸

那智MZ04－01型工业机器人的外形尺寸如图8－6所示。

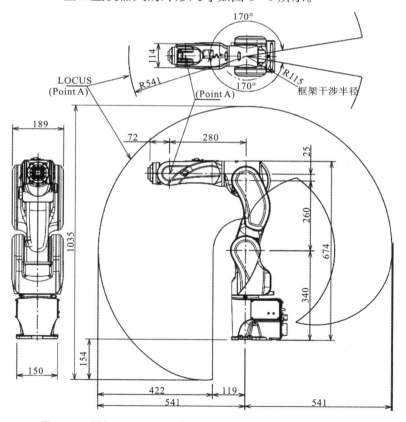

图8－6　那智MZ04－01型工业机器人外形尺寸（单位：mm）

8.2 那智工业机器人的结构

1. 总体结构

一个完整的那智工业机器人的结构如图8-7所示。

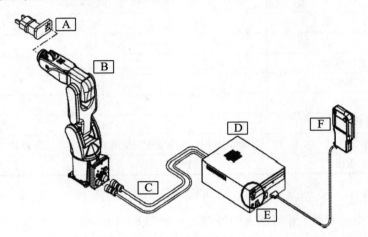

A—抓手/家具/工具；B—工业机器人本体；C—线缆（连接电缆）；
D—控制装置（控制器）；E—控制面板；F—操作按钮台（示教器）。

图8-7 那智工业机器人的总体结构

2. 各轴名称

那智MZ04-01型工业机器人本体各轴的名称如图8-8所示。

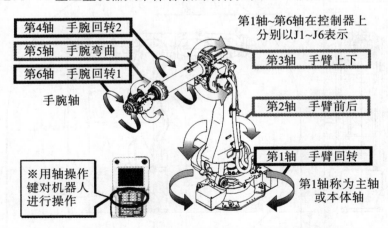

第4轴 手腕回转2
第5轴 手腕弯曲
第6轴 手腕回转1
手腕轴

第1轴~第6轴在控制器上分别以J1~J6表示
第3轴 手臂上下
第2轴 手臂前后
第1轴 手臂回转
第1轴称为主轴或本体轴

※用轴操作键对机器人进行操作

图8-8 那智MZ04-01型工业机器人本体各轴的名称

8.3　那智工业机器人常用术语

那智工业机器人常用术语如表 8-2 所示。

表 8-2　那智工业机器人常用术语

术语	说明
示教器	用于手动操作机器人或进行示教作业的设备
动作开关	避免因误操作等而使机器人意外动作的安全保护装置。该开关安装在示教器的背面。只有在按住该开关的时候，才允许进行机器人手动操作
示教模式	主要用于手动编写动作程序的模式
再生模式	自动运行编写好的程序的模式
运转准备	向机器人供电的状态。运转准备处于"ON 状态"时表示正常供电，处于"OFF状态"时表示紧急停止
示教	手动操作机器人并设计一套动作。该套动作被记录在程序内
作业程序	记录机器人动作执行顺序的文件
移动命令	使机器人移动的命令
应用命令	使机器人在动作途中进行各种辅助动作的命令，如动作程序的调用、外部 I/O 控制等
步	示教器显示屏上，每行程序前都有顺序号码，此类号码即称为该程序的步
精确度	机器人重复定位其手部于同一目标位置的能力
坐标	以机器人的正面为基准，前后方向为 X 坐标轴，左右方向为 Y 坐标轴，上下方向为 Z 坐标轴，以此构成正交坐标系。此坐标系是计算手动工作或移动动作的基准
轴	机器人各个电机所控制的部分称为轴。以 6 个电机控制的机器人称为 6 轴机器人
辅助轴（外部轴）	机器人本体以外的轴（定位器或滑动器等）统称为辅助轴，有时也称作外部轴
检查前进/检查后退	使编写好的程序以低速一步一步地动作，以确认示教点位是否正确的功能。有检查前进（go）和检查后退（back）两种
启动	使编写好的作业程序进入自动运行的状态称为启动
自动操作/回放	"自动操作"和"回放"都是把编好的程序再运行一次的过程
停止	使处于启动状态（再生状态）的机器人停下来称为停止
紧急停止	使机器人（或系统）紧急停下来称为紧急停止

续表

术语	说明	
错误	示教作业或再生动作中，当检测到操作错误、示教错误或机器人本身的异常时，将错误或异常通知操作者	再生动作中若发生"错误"，机器人进入停止状态，当场切断伺服电源（运转准备）
报警		再生动作中若出现"报警"，机器人进入停止状态，但不切断伺服电源（运转准备）
信息		再生动作中若出现"信息"，机器人依然处于启动状态。其中也包含将来极有可能发展成"报警"或"错误"的信息
机构	为控制组无法再行分解的单位，如"操纵器""定位器""伺服焊枪"。在操纵器上附加伺服焊枪的结构称为"多重机构"。对于"多重机构"，若为手动操作，需要选择手动操作对象	
系统	编制作业程序的单元。构成单元的机构有时只有一个，有时有多个（多重机构）。如果设定了"多重单元"选项，可同时运行多个单元。除此之外，通常整体仅使用1个单元	

8.4 那智工业机器人工作站的启动

现以艾博机器人公司 ABG－001 型工作站为平台，介绍那智 MZ04 型工业机器人工作站的启动过程（见表 8−3）。

那智工业机器人工作站的启动

表 8−3 那智 MZ04 型工业机器人工作站的启动

步骤	图示及说明
第1步：在总电源开关接通的情况下，接通工作站电源	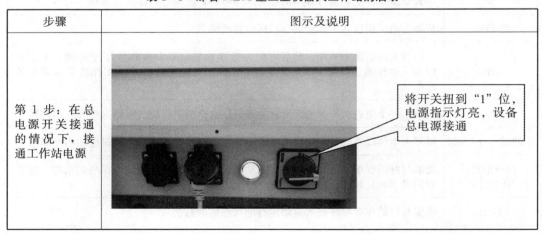 将开关扭到"1"位，电源指示灯亮，设备总电源接通

步骤	图示及说明
第 2 步：接通工作站气源	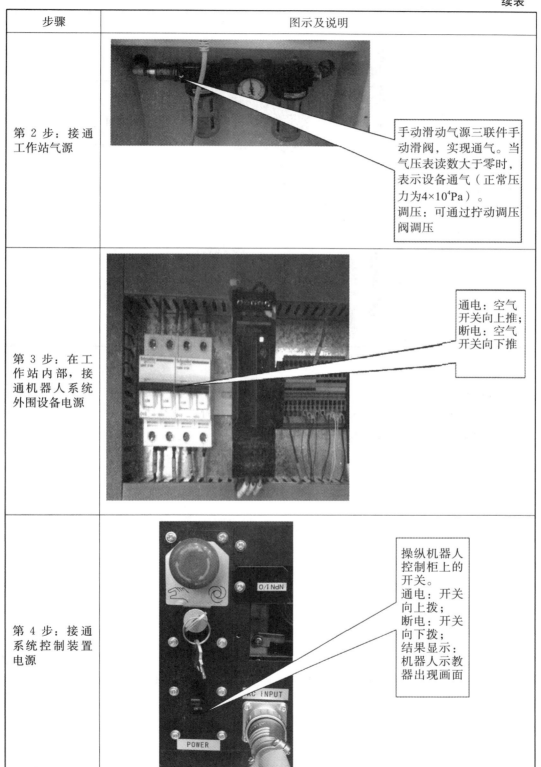手动滑动气源三联件手动滑阀，实现通气。当气压表读数大于零时，表示设备通气（正常压力为$4×10^4$Pa）。 调压：可通过拧动调压阀调压
第 3 步：在工作站内部，接通机器人系统外围设备电源	通电：空气开关向上推； 断电：空气开关向下推
第 4 步：接通系统控制装置电源	操纵机器人控制柜上的开关。 通电：开关向上拨； 断电：开关向下拨； 结果显示：机器人示教器出现画面

续表

步骤	图示及说明
第 5 步：系统电源接通，系统启动。	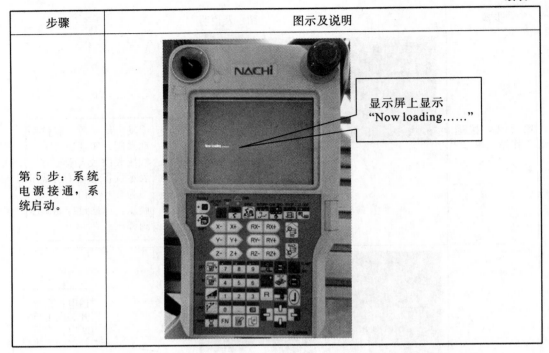 显示屏上显示 "Now loading……"

思考题

1. 请简述那智工业机器人型号"MZ04E－01－CFD"的含义。

2. 请简述那智工业机器人的组成。

任务 9　工业机器人示教器

【知识点】
了解那智 MZ04 型工业机器人示教器面板的基本组成与功能。
【技能点】
掌握那智 MZ04 型工业机器人面板的常规操作。

工业机器人示教器

9.1　认识示教器

本任务以那智 MZ04 型工业机器人工作站为平台进行介绍，其 CFD 控制装置可以使用两类悬挂式示教器（Teach-panel，TP）进行操作，即"高性能示教器"和"迷你示教器"。两种类型的示教器均为自由选择配件，可以选择其中之一，但不能同时使用。

1. 示教器外观
高性能示教器的结构与按键区域如图 9-1、9-2 所示。

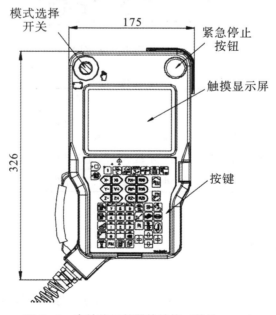

图 9-1　高性能示教器的结构（单位：mm）

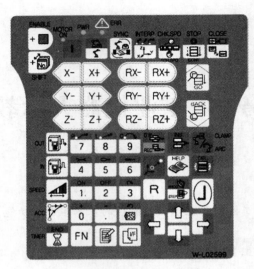

图 9-2　高性能示教器的按键区域

2. 示教器上 LED 的功能

如图 9-3 所示，示教器上有三个 LED 指示灯。灯的点亮与熄灭代表系统不同的工作状态，如表 9-1 所示。

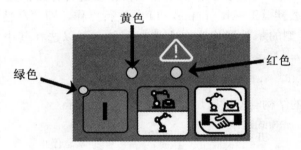

图 9-3　示教器上 LED 的位置

表 9-1　LED 指示灯的含义

LED 颜色	功能
绿	在运转准备处于"ON 状态"（伺服 ON）时灯亮。与操作面板或操作盒上的运转准备投入按钮的绿色指示灯作用相同
黄	在控制装置的电源接通且示教器的系统启动后进入亮灯状态
红	当示教器的硬件有异常时，灯亮。通常处于熄灭状态

9.2　示教器的使用

按示教器面板的构成，可以将其划分为 6 个部分，分别为模式选择开关（即 TP 选择开关）、触摸显示屏、握杆开关、紧急停止开关、USB 接口、操作按键，如图 9-4、

图 9-5 所示。

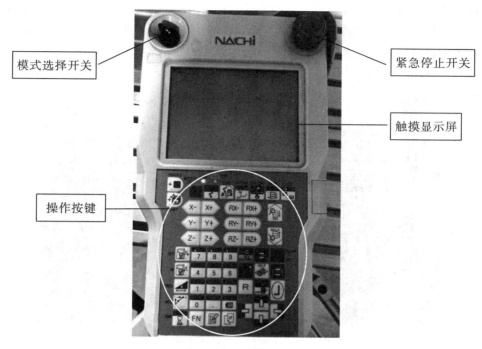

图 9-4　示教器正面

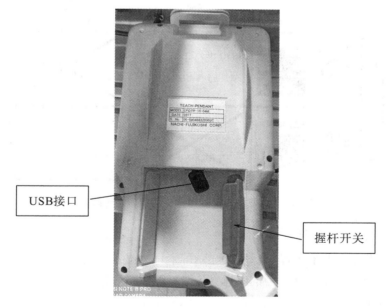

图 9-5　示教器背面

1. 模式选择开关（TP 选择开关）

模式选择开关用于选择机器人示教运行模式或自动运行模式（再生模式）。所谓示教运行模式，就是操作人员进行演示操作时的运行模式，通常都需要操作人员操作示教器一步一步地控制机器人的具体运行状态与姿态。工业机器人的自动运行模式，就是在示教任务完成以后，机器人在没有操作人员干预的情况下根据之前编写好的程序自动运行的一种工作模式。需要特别指出的是：示教器上的模式选择开关要和控制器上的模式选择开关配合使用，同时都选择自动运行模式，才能使机器人切换到自动运行模式（再生模式），如图 9-6、图 9-7 所示。

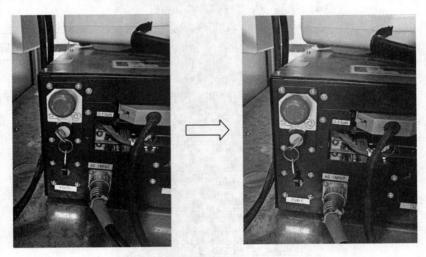

图 9-6　控制器上的模式选择开关

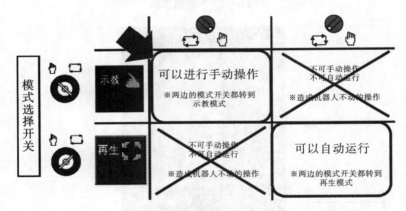

图 9-7　示教器和控制器上模式选择开关的配合

2. 液晶触摸显示屏

高性能示教器都带有液晶显示屏，显示屏上可以显示当前操作对象的作业程序或各种设定内容，以及选择功能所需的图标（F 键）等各类信息。同时，该显示屏具有触摸功能，在相应的图标上可以直接触控操作，以实现不同的功能，如图 9-8 所示。

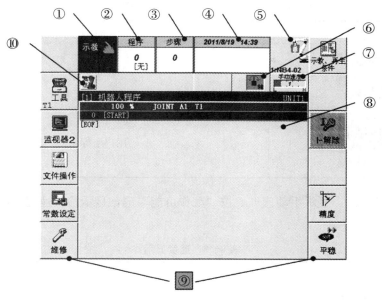

图 9-8　液晶触摸显示屏

①模式显示区：显示选择的运行模式（示教/再生）。此外，还一并显示运转准备、启动、紧急停止中的各种状态。

②作业程序编号显示区：显示所选择的作业程序的序号。

③步骤号显示区：显示当前运行程序所处步骤号。

④时间显示区：显示当前日期和时间。

⑤机构显示区：显示成为手动运行对象的机构、机构编号及机构名称。如果是多重单元，同时显示成为示教对象的单元编号。

⑥坐标系显示区：显示用户选择的坐标系（见表 9-2）。

表 9-2　常用坐标系的显示

显示	坐标系的种类
机器人	机器人坐标系
轴	轴坐标系
工具	工具坐标系

续表

显示	坐标系的种类
	工件坐标系
	用户坐标系

⑦速度显示区：显示手动速度。按"动作可能"键，显示检查速度。两种显示如表9-3所示。

表9-3　速度显示

显示	速度
	手动速度
	检查速度

⑧监控显示区：显示作业程序的内容（初始设定）。

⑨F键显示区：触摸被称作"F键"的显示区，显示可选择的功能。左边6个键分配于F1~F6，右边6个键分配于F7~F12。

⑩可变状态显示区：此显示区内以图形显示各种状态。该状态一结束，图标即消失。

3. 握杆开关（启动开关）和USB接口

握杆开关的用途是控制电机电源接通或断开。松开或者强力按下握杆开关，电机制动，电机电源断开。以一定的力度轻握握杆开关，则电机电源接通。

USB接口是连接外围存储设备的接口。

4. 紧急停止开关

紧急停止开关又称急停开关，用于控制机器人的紧急停止。按下紧急停止开关时，伺服电源断开。如果要再次进行示教或自动运行，必须通过旋转释放紧急停止旋钮，才能解除紧急停止状态。

5. 操作按键

操作按键是操作人员对机器人输入信息的重要装置。这里只简单介绍每个按键的功能，如表9-4所示。要使机器人完成具体的动作或工作，需要用到不同的按键进行组合才能实现。

表 9-4　常用操作按键的功能

外形	名称	功能
	动作可能键	配合示教器上其他按键，同时按下，可执行按键上绿色部分显示的各种功能
	运转准备键	一般用于配合动作可能键完成机器人手动模式下的上电操作。与动作可能键同时按下，运转准备进入工作状态。示教模式和再生模式下都可以使用，但仅在"内部启动方式"的情况下使用
	上档键	与其他按键同时按下，执行相应功能。一般配合动作可能键和检查前进键使用，完成机器人在自动状态下的自动运行
	插补/坐标键	单独按时，切换机器人当前的坐标系，如轴坐标系、用户坐标系、机器人坐标系、工具坐标系。配合动作可能键使用时，用于切换插补类型（关节、直线、圆弧）
	检查速度/手动速度键	单独按时，为手动速度键，用于手动示教时的速度调控。配合动作可能键使用时，为检查速度键，用于程序编写完成后手动运行程序时的速度调控。速度共有 5 挡，1 挡最慢，5 挡最快
	停止/连续键	单独使用时，用于在检查运行时的单步执行与程序的连续执行。配合动作可能键使用时，作为机器人在自动状态下运行程序时的停止按键使用
	关闭/画面移动键	单独使用时，用于在显示多个监控画面的情况下，切换至需操作的画面。配合动作可能键使用时，用于关闭选择的监控画面
	轴操作键	单独按这 12 个按键时不起作用。上面 6 个键与动作可能键同时使用时，用于当前处于工具坐标系、机器人坐标系或工件坐标系状态下的 $X/Y/Z$ 方向的直线移动；下面 6 个按键与动作可能键同时使用时，用于对 $X/Y/Z$ 方向作重定位运动。在轴坐标系状态下，则用于使机器人 6 个关节作旋转运动
	检查前进键 检查后退键	单独使用时不起作用。配合动作可能键操作时，使编辑好的程序顺序执行或逆向执行
	覆盖/记录键	单独使用时，用于对顺序点位的记录，不可用于插入点位或是修改点位的操作。配合动作可能键使用时，用于覆盖当前程序行点位的数据
	插入键	此按键只能配合动作可能键使用，用于在运动轨迹之间插入一段新的轨迹
	位置修正键	此按键只能配合动作可能键使用，用于对当前程序行的位置数据进行修正，但不改变当前程序行的其他参数
	帮助键	按该键可以查询机器人的功能及指令的具体说明

外形	名称	功能
	删除键	此按键只能配合动作可能键使用，用于程序中行的删除
	复位/R 键	用于取消输入，或将设定画面恢复原状。此外，该键还可用于输入 R 代码。输入 R 代码后，可立即调用需使用的功能。如"R314"可以将操作者的身份由普通变为专家，从而改变相关运行模式
	程序/步骤键	单独使用时，输入要进行操作的对应步骤号，机器人光标就能跳转到输入的步骤号上。配合动作可能键使用时，输入要进入的程序号，程序监视画面就能跳转到指定的程序中
	Enter（回车）键	用于确定菜单或输入数值的内容
	光标键	单独使用时，用于移动光标。配合动作可能键使用时，在设定内容由多页构成的画面上，执行页面间的切换
	输出键	在示教中调用输出信号命令（应用命令 SETM<FN105>）的快捷方式
	输入键	在示教中调用输入信号等待命令（应用命令 WAITI<FN525>）的快捷方式
	精度键	用于修正已记录的移动命令中的精度。精度分为 A1~A8 八个等级，其中 A1 精度最高，A8 精度最低。精度越低，机器人平滑度越好，应根据实际需求来定
	END/计时器键	单独使用时，是在示教中记录计时器命令（应用命令 DELAY<FN50>）的快捷方式。配合动作可能键使用时，是在示教中记录结束命令（应用命令 END<FN92>）的快捷方式
	BS 键	单独使用时，用于数值和字符的删除。可删除光标的前 1 个数值或字符，也可在文件操作中解除选择。配合动作可能键使用时，用于取消刚结束的操作，恢复变更前的状态。仅在新编写作业程序或编辑中有效
	FN（功能）键	用于输入应用命令
	编辑键	用于打开作业程序编辑画面。在作业程序编辑画面中，主要用于执行应用命令的变更、追加、删除，或者变更移动命令的各参数

外形	名称	功能
	数值输入键	单独使用时，用于输入按键上的数值或小数点。 配合动作可能键使用时，7、8、9键用于对关节、直线、圆弧插补的调用，1、2键用于对选中输出信号ON/OFF的强制操作，3键用于取消刚才的操作（仅在新编写作业程序或编辑中有效），0键用于输入"＋"号，小数点键用于输入"－"号

9.3　工业机器人运动控制

9.3.1　安全操作注意事项

　　所有工业机器人在工作时都有规定的工作空间范围和运动速度，因此在操作时务必注意相关注意事项。不同的机器人厂家所生产的工业机器人各有区别，同一厂家生产的不同型号的工业机器人也会有自己的安全注意事项，所以在使用中要根据实际情况来处理。此处，我们主要以那智工业机器人的使用注意事项为例进行介绍。

　　1. 常见重要安全警告标志

　　常见重要安全警告标志如表9－5所示。

表9－5　常见重要安全警告标志

警告标志	含义
	有电危险，操作不当会造成严重的人员伤害
	危险提醒，警示当前环境存在危险，在机器人工作时禁止进入机器人工作范围
	危险警告，警示不按照说明书操作就会发生事故，并导致严重或致命的人员伤害或严重的产品损坏。该标志适用于接触高压装置、爆炸或火灾、有害气体风险、撞击和从高处跌落等危险情况的警告

警告标志	含义
	小心警告，警示如果不按照说明书操作，可能会造成伤害或重大的产品损坏，也适用于烧伤、眼睛伤害、皮肤伤害、跌倒、撞击和从高处跌落等危险情况的警告
	转动危险，警示可能导致严重伤害，维护保养前必须断开电源并锁定
	静电放电，是针对可能导致产品严重损坏的电气危险的警告
	表示重要的注意事项和条件
	提示从何处查看附件信息或者如何以更简单的方式进行操作
	警示不得踩踏机器人或爬到其上面，这不仅会给机器人造成不良影响，还可能使操作人员因为踩空而受伤
	当心烫手，需保持双手远离

续表

警告标志	含义
	夹点危险，警示移除保护罩后禁止操作
	警示平衡缸内部有弹簧，十分危险，切勿对其进行拆解

2. 那智工业机器人警告标志的含义

那智工业机器人警告标志的含义如表9-6所示。

表9-6　那智工业机器人警告标志的含义

警告标志	含义
	表示在伺服电机处于上电（ON）状态时，原则上不能接触各关节等可动部分。此外，在解除制动和更换电机等情况下，机器人的姿态都有突然改变的可能性。因此，即使是在维护机器人时，也应对可动部位加以注意，否则，有可能被夹住手指，从而引起事故
	表示附近有高压带电部位，应避免用手接触高压带电部位和导电性物体，否则有触电的危险

警告标志	含义
	表示贴有该标签的部分为高温部分，如果不小心接触到，有烫伤的危险
	表示请勿拆卸或部分拆卸贴有该标签的部件，否则内部设备的弹簧等有可能弹出，引起人员伤亡事故。需要拆卸时，应联系工业机器人提供商的服务人员，不能自己盲目动手
	警示更改机械式止动器的位置时，应充分确保机器人最大动作范围及与外围设备的距离。另外，在已卸下机械式止动器的状态下，请勿使机器人有所动作，否则有可能引起外围设备的损坏及人员伤亡事故
	表示禁止站在编码器装置上或向编码器装置施加较大的力，否则护掌及插塞有可能损坏

续表

警告标志	含义
⚠ 危险 ⚠ 注意 CAUTION 拆卸马达或解除制动时，机械臂可能高速运转。 Take special care because the arm moves at high speed when removing a motor or releasing a brake	警示在拆卸电机时，应使用起重机或卷扬机等辅助拆卸，并预先固定机械臂（仅使用零点栓固定机械臂是不够的）。如在未固定机械臂的状态下拆卸电机，机械臂有下落的可能，或前后高速运动。卸下电机时，禁止进入机械臂的下方区域。如果不遵守以上规范，有可能引起外围设备损坏及人员伤亡事故
ⓘ 重要	参见机器人的维护说明书，在不清楚真实含义的情况下应联系厂家，不能擅自进行不熟悉或不清楚后果的操作

9.3.2　通用工业机器人运行流程

工业机器人在工业控制自动化运行系统中的作用，就是遵循事先安排好的流程，自动完成相应的工作。因此在机器人自动运行之前，操作人员必须告知机器人要做哪些工作以及如何做。让一台工业机器人工作的具体流程可分为三步。

①通电、通气。工业机器人是机电一体化产品，要在通电的情况下才能正常工作。工业机器人进行不同工作时，会使用不同的前端工具，一般会使用压缩气体作为动力源，所以在开机时要保证电与气的顺利供给。

②编写作业程序。工作程序应按照相应的流程编写。编写和调试作业程序，是由操作人员一步一步操作并记录机器人的每一个动作，所以更多时候我们把这个操作过程称为示教。

③自动运行程序（工作）。编写好作业程序后，需执行自动运行。在那智 MZ04 型工业机器人中，自动运行称为"再生"，因此其自动运行模式在示教器的显示面板中显示为"再生模式"。执行"再生模式"后，机器人就重复运行编好的作业程序。

9.3.3　让那智 MZ04 型工业机器人动起来

接下来我们将以手动操作那智 MZ04 型工业机器人为例来介绍工业机器人的开、关机操作，以及示教器的显示面板与操作按钮，并使用示教器实现工业机器人各轴的运动操作，如表 9−7 所示。

让那智 MZ04 型工业机器人动起来　　　　　　**工业机器人的自动控制运行**

表 9-7　工业机器人操作举例

步骤	图示及说明
第 1 步：打开总电源开关	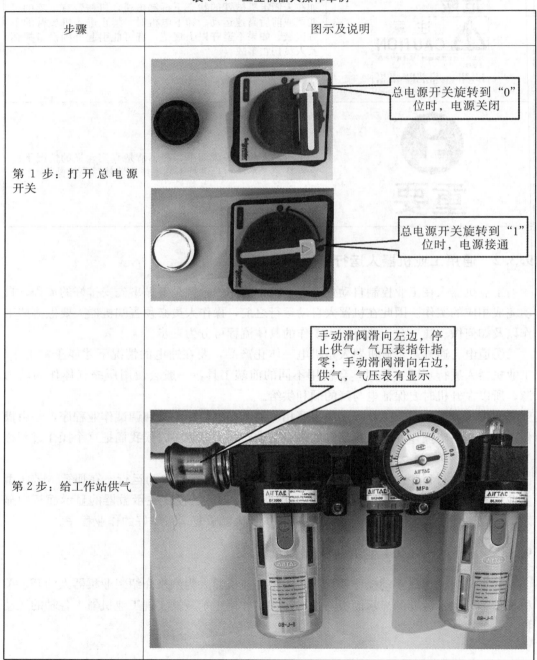 总电源开关旋转到"0"位时，电源关闭 总电源开关旋转到"1"位时，电源接通
第 2 步：给工作站供气	手动滑阀滑向左边，停止供气，气压表指针指零；手动滑阀滑向右边，供气，气压表有显示

续表

步骤	图示及说明
第 3 步：接通平台电源	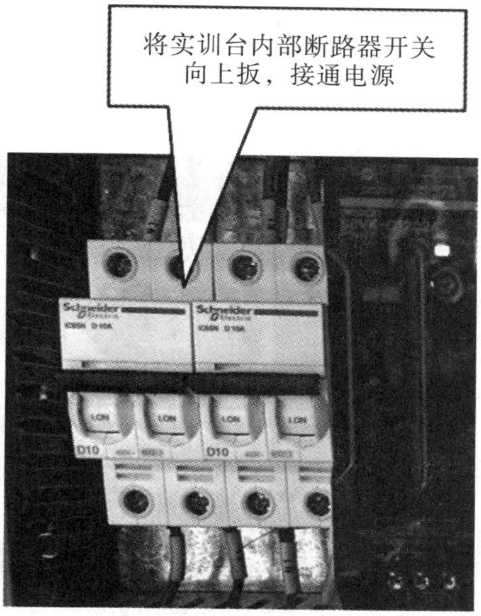将实训台内部断路器开关向上扳，接通电源 Schneider Electric D10
第 4 步：接通控制装置的电源（控制电源），系统启动，开始自我诊断	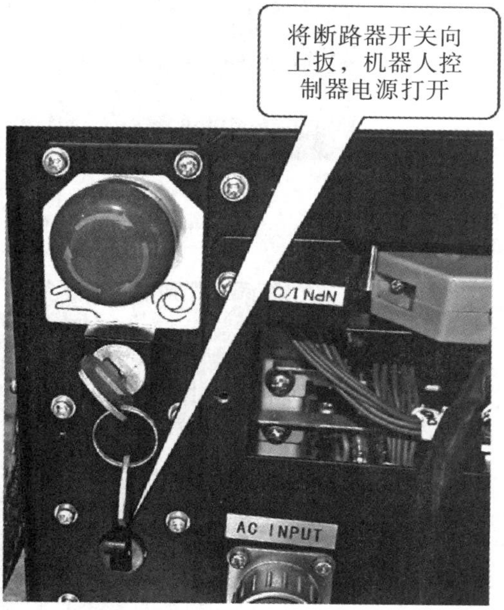将断路器开关向上扳，机器人控制器电源打开 AC INPUT

步骤	图示及说明
第5步：系统启动完成后，控制装置和示教器都处于示教模式，才能进行下一步操作	将钥匙转到左边位置，即手动位置时，表示系统处于示教模式 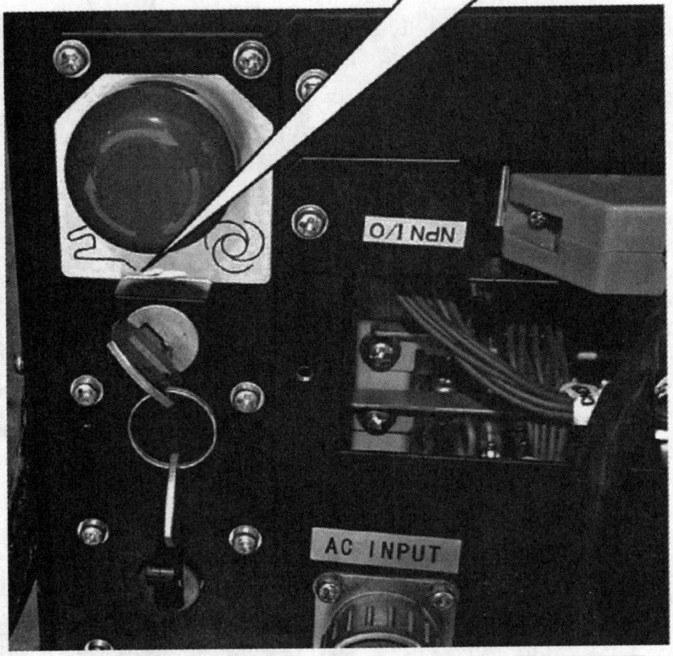 将示教器上的该旋钮旋转到手动位置时，可以进行示教操作 

步骤	图示及说明
第6步：在示教器的按键区，按下 `+ ▢ ◯ + ▮` 组合键，示教器显示屏上会显示"运转准备"，表示该工业机器人的伺服电机已经上电	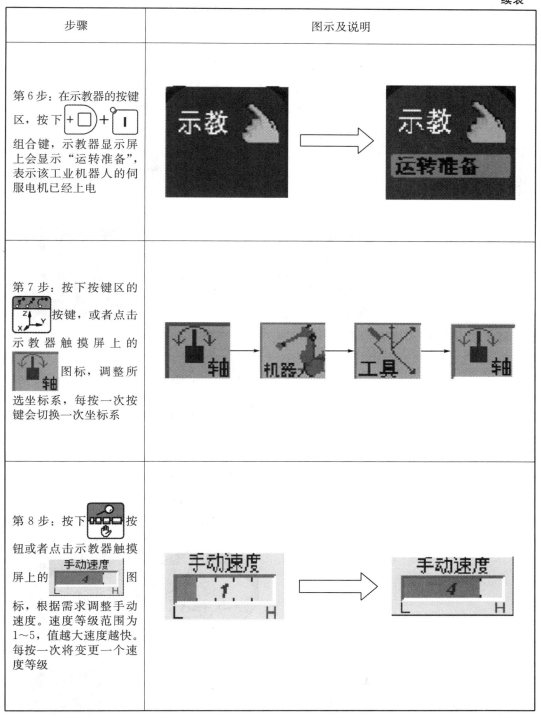
第7步：按下按键区的 按键，或者点击示教器触摸屏上的 图标，调整所选坐标系，每按一次按键会切换一次坐标系	
第8步：按下 按钮或者点击示教器触摸屏上的 手动速度 图标，根据需求调整手动速度。速度等级范围为1～5，值越大速度越快。每按一次将变更一个速度等级	

续表

步骤	图示及说明
第9步：握住动作可能开关，使机器人处于运转准备 ON 状态，此时可以手动操作机器人。松开或用力握紧此开关时，机器人将紧急停止	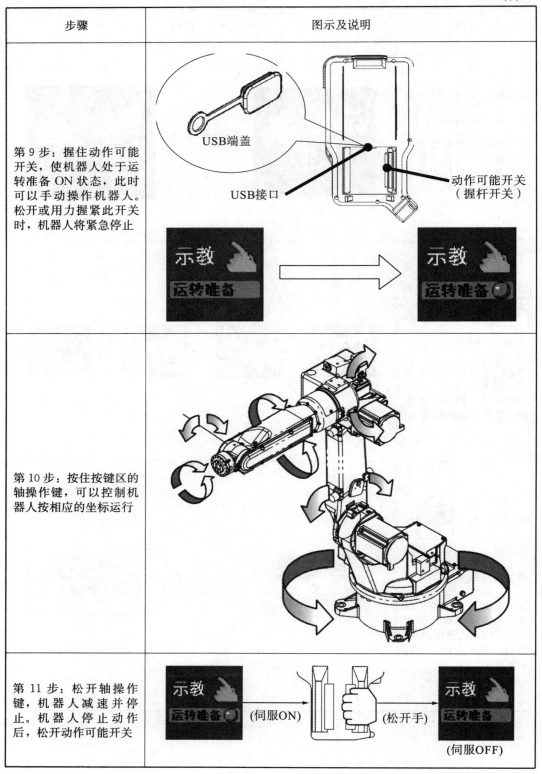
第10步：按住按键区的轴操作键，可以控制机器人按相应的坐标运行	
第11步：松开轴操作键，机器人减速并停止。机器人停止动作后，松开动作可能开关	

续表

步骤	图示及说明
第12步：按下紧急停止按钮会使机器人紧急停止。在示教模式、再生模式中均可通过紧急停止按钮使机器人停止动作	 或者 
第13步：操作完成，将控制装置的电源至于OFF位，系统关闭	 手动拨到下方位置

思考题

1. 示教器由哪几部分组成？请分别说明每部分的作用。
2. 启动工作站，操作示教器，让工业机器人做一个简单的动作。

93

任务 10 那智工业机器人基本操作与编程

【知识点】

认识那智工业机器人坐标设置的意义，理解轨迹的概念。

【技能点】

掌握那智 MZ04 型工业机器人的基本操作与编程方法。

10.1 工业机器人坐标系设置

10.1.1 工业机器人坐标系简介

工业机器人的坐标系是为确定机器人的位置和姿态而设定的位置指示系统。常用的坐标系有：轴坐标系、机器人坐标系、用户坐标系、工具坐标系。

1. 轴坐标系

轴坐标系也称关节坐标系。在轴坐标模式下，机器人的各个轴做独立的运动，按下对应轴的按键，该轴就做回转运动，如图 10—1 所示。

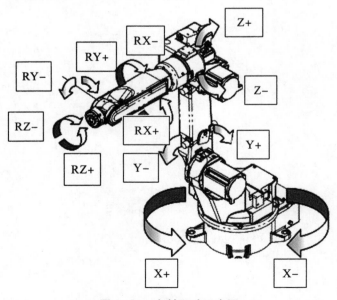

图 10—1 各轴运动示意图

通过按 按键或者点击触摸屏幕上的 图标，可以切换到轴坐标系。

2. 机器人坐标系

如图 10-2 所示，以机器人底座中心为原点建立的三维坐标系称为机器人坐标系。在机器人坐标系中移动机器人工具前端（TCP）执行旋转操作时，工具前端位置（X，Y，Z）会被固定。

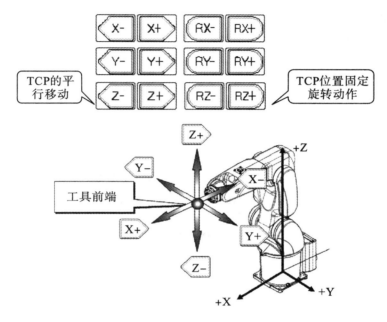

图 10-2　机器人坐标系

3. 工具坐标系

以安装在机器人末端的工具为参照而形成的坐标系为工具坐标系。其原点和方向都是随着末端位置与角度的变化而不断变化的。该坐标系实际是基础坐标系通过旋转及位移变化而来的，必须在机器人运转前进行设定。

工具坐标系是以工业机器人工具法兰（机器人手腕）中心为基准进行设定的。若变更工具法兰方向的话，工具坐标系方向也会改变。

4. 用户坐标系

用户坐标系定义在工件上，由用户自己定义，原点位于机器人抓取的工件上，坐标系的方向根据操作者需要任意设定。一般在作业台上设定用户坐标系。

10.1.2　工具坐标系设置

工具坐标系的参数主要包括末端位置、方向、质量、重心、惯性矩、最大回转半径等。在 CFD 控制装置中，我们需要设置的主要参数有工具长度（工具前端到工具安装面中心位置的长度）、工具角度（以工具前端作为原点，工具沿着坐标轴转动的角度）、质量和重心位置等。为了控制机器人做最合适的加减速而进行的必要设定，需专家级以上的操作人员执行。

现以工具长度的简单设定为例进行说明。

①编写程序（用于工具前端对点）。

首先在工作台上准备一个尖锐的端点。用工具前端以各种各样的姿态来接触这个端点，每接触一次就记录一个点（示教点尽量达 10 个以上），记录的多个点的程序就是已编号的程序。需要注意的是：要尽可能变化示教点的姿态，记录示教点的直线插补，尽可能瞄准尖锐的端点。

②根据编辑好的程序，计算工具长度。

具体步骤如表 10-1 所示。

表 10-1　计算工具长度操作示例

步骤	图示
第 1 步：在显示屏主界面选择"常数设定"	 常数设定
第 2 步：选择"机械常数"	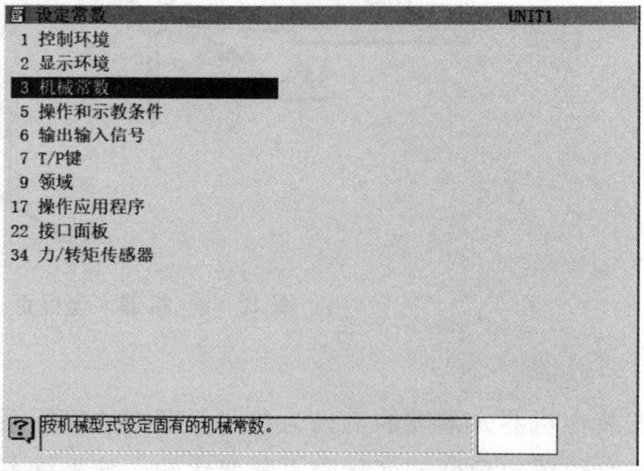
第 3 步：选择"工具设定"	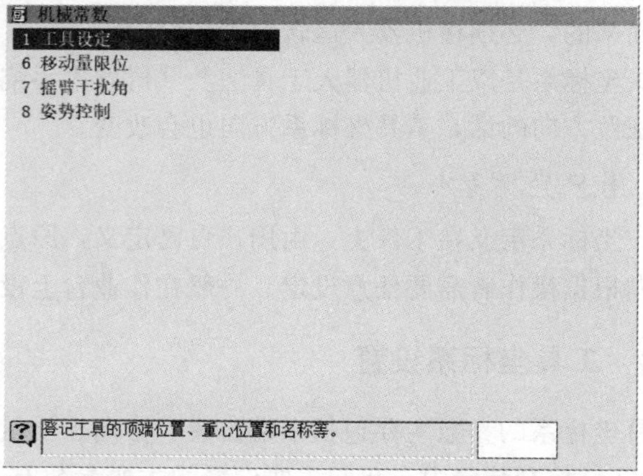

续表

步骤	图示
第 4 步：选择 "简单设定"	**工具设定** MZ04-01 工具1 工具名称 TOOL1 长度（mm） x 0.0 y 0.0 z 0.0 角度（deg） x 0.0 y 0.0 z 0.0 重心（mm） x 125.0 y 0.0 z 108.4 质量（kg） 4.0 惯性矩（Kg·m2） x 0.100 y 0.100 z 0.070 最大旋转半径（mm） 正交坐标系=标准 工具X方向 工具X方向 工具X方向 工具X方向 角度=(180,-90,0) 角度=(180,0,0) 角度=(180,-45,0) 角度=(180,0,0) 当按下 "动作可能+编辑" 键时，便为软键盘画面。[16文字以内] 手动速度 / 简单设定 / 写入
第 5 步：选择 "长度设定"，在程序号码中输入之前编辑的程序的号码；选择执行，确认	**工具设定** 1/32 MZ04-01 工具1 **xyz** 工具长度的自动设定 设定种类 ⊙仅工具长度 ○轴恒定及工具长度 程序号码 0 长度（mm） x 0.0 y 0.0 z 0.0 正交坐标系=标准 工具X方向 工具X方向 工具X方向 角度=(180,-90,0) 角度=(180,0,0) 角度=(180,-45,0) 角度=(180,0,0) 指定工具常数的自动设定种类。 手动速度 / xyz 长度设定 / 角度设定 / 惯性矩设定 / xyz 长度设定 / 执行

③检查设置是否完成。

通过图 10-3 所示方法可以检查工具长度设定是否完成。即调出之前编辑的程序，按 "检查前进" 按键进行运行，如果工具前端的中心点几乎没有动，那么就表示设定成功。

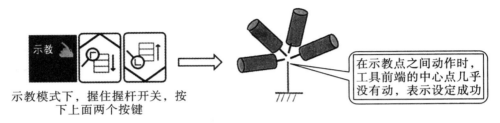

示教模式下，握住握杆开关，按下上面两个按键

在示教点之间动作时，工具前端的中心点几乎没有动，表示设定成功

图 10-3 检查工具长度设定是否成功的方法

工具角度、质量和重心位置、惯性矩等参数，在一般的应用中按默认设置即可，但是对于有一定质量的工具需要重新设定这些参数。

10.1.3　程序的操作

1. 新建程序

具体步骤如表 10-2 所示。

表 10-2　新建程序操作示例

步骤	图示
第 1 步：按下 + ▭ 和 ✍ 两个按键，或者用手轻触触摸屏 程序 未选择 区域，在弹出对话框的"调用程序"栏输入程序编号。这里输入"3"	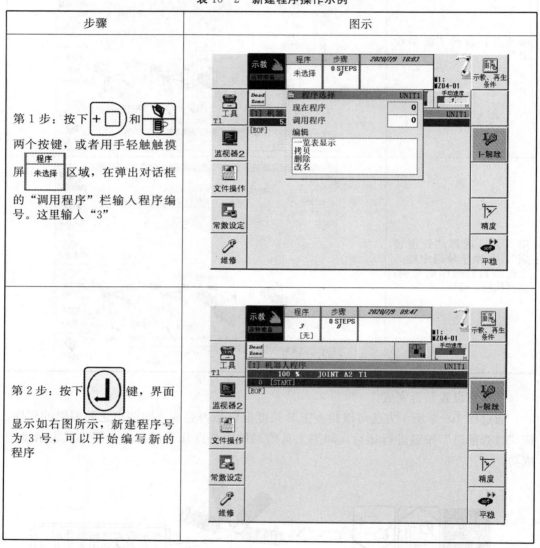
第 2 步：按下 ⏎ 键，界面显示如右图所示，新建程序号为 3 号，可以开始编写新的程序	

2. 程序的复制

具体步骤如表10−3所示。

表 10−3　程序的复制操作示例

步骤	图示
第1步：按下 按键，进入程序编辑界面	
第2步：选择"拷贝范围"，再按 键，选择需要复制的程序段	
第3步：按下 键	

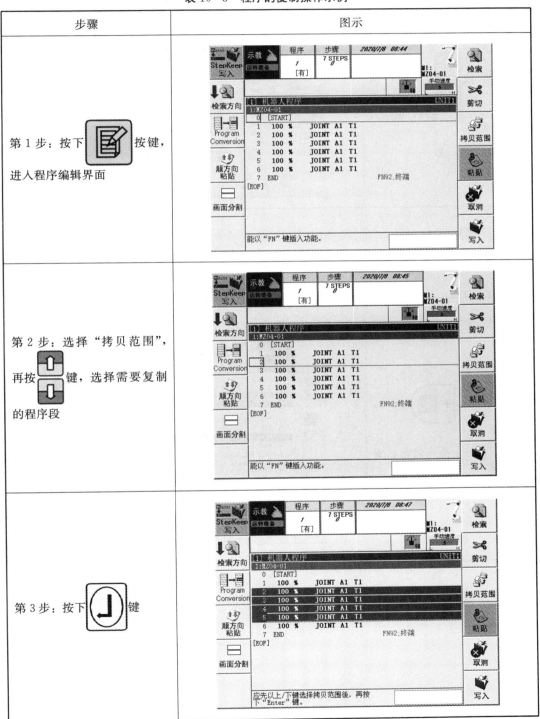

续表

步骤	图示
第4步：按 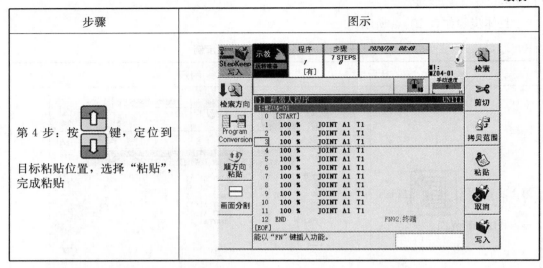 键，定位到目标粘贴位置，选择"粘贴"，完成粘贴	

3. 删除程序

具体步骤如表10-4所示。

表10-4　删除程序操作示例

步骤	图示
第1步：按住 + 键，再按 键，定位到需要删除的程序段	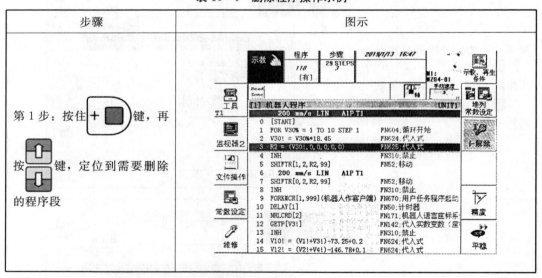

续表

步骤	图示
第2步：按住 ➕▢ 键，再 按下 ▤ 键，点击"OK"， 完成程序删除	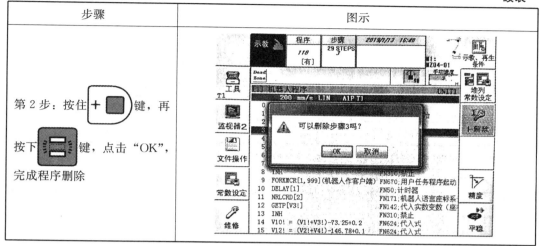

10.2 描绘轨迹

10.2.1 工业机器人移动指令相关参数

当我们操作机器人从一点移动至另一点时，机器人是以哪种移动方式行进的呢？行进路线是直线还是曲线？我们可以通过设置机器人移动指令的相关参数实现我们想要的移动方式。

移动指令相关参数如图 10－4 所示，各参数含义如表 10－5 所示。

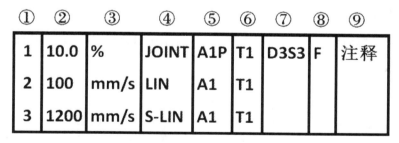

图 10－4 显示的参数

表 10－5 各参数的含义

序号	名称	说明
①	步骤号码	为每一个步骤所编写的号码
②	速度	工具前端在各示教点间移动的快慢
③	速度单位	速度的单位。不同插补类型有不同的单位
④	插补种类	用于确定工具前端的运行类型轨迹

序号	名称	说明
⑤	定位精度	示教值与实际值的偏差
⑥	工具编号	通过示教点时所使用工具的编号
⑦	加速度和平滑	用于调整运动的加速度和平滑度
⑧	精细动作	用于提高直线轨迹精度
⑨	步骤注释	用于对工作步骤做注释说明

1. 速度

此处的速度指工业机器人在额定负载、匀速运动过程中，机械接口中心的最大速度。它有四种表达方式，如表 10-6 所示。

表 10-6　速度的四种表达方式

名称	单位	说明
线速度	mm/s	用于指定工具前端的移动速度（1~5000mm/s）。 注：如果示教点间距离过短，工具前端移动速度可能无法达到设定速度
能力	%	用于指定机器人运动速度占最大速度的百分比（1%~100%）
移动时间	sec	用于指定到达记录点的时间（0.01~100s）。 注：如果使用 0.01s 等很短的时间，速度将根据机器人能力被限制。如果必须使用最大速度，使用"100%"
姿势变化速度	deg/s	用于指定工具姿势的变化速度

2. 插补种类

插补种类又称插补方式，是指机器人工具前端在示教点之间的运动轨迹。轨迹类型如图 10-5 所示。

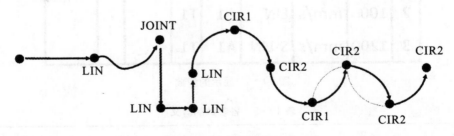

图 10-5　各种轨迹类型

①关节插补（JOINT）：指工具前端从一点运动到另一点的轨迹是不规则的曲线。在这种运动形式中，工具前端以最舒展的姿态从一点运动到另一点，运动效率也高。

②直线插补（LIN）：指工具前端从一点运动到另一点的轨迹是一条直线。在这种运动形式中，工具前端从一点运动到另一点的轨迹是确定的，但运动效率没有关节插补

的高。

③圆弧插补（CIR）：指工具前端以操作者指定的弧度，按规则的圆弧轨迹从一点运动到另一点。

3．其他参数

对于初学者，精度、工具编号、加速度和平滑、精细动作、步骤注释这些参数按照默认参数即可。

4．常用指令

那智 MZ04 型工业机器人提供了许多常用指令，以便于编程。表 10－7 列举了部分常用指令，供参考。完整指令数据请查阅相关资料。

表 10－7　常用指令表

指令号	含义	指令
FN0	输出信号全部清楚	ALLCLR
FN20	步骤转移	JMP
FN21	步骤调用	CALL
FN22	步骤返回	RETURN
FN23	附带条件步骤转移	JMPI
FN24	附带条件步骤调用	CALLI
FN25	附带条件步骤返回	RETI
FN26	附带次数条件步骤转移	JMPN
FN27	附带次数条件步骤返回	RETN
FN28	附带次数条件步骤返回	RETN
FN32	输出信号 ON	SET
FN34	输出信号 OFF	RESET
FN35	附带脉冲和延迟输出信号	SETMD
FN41	机器人停止	STOP
FN42	附带条件机器人停止	STOPI
FN43	输出信号分离输出	OUTDIS
FN44	输出信号二进制输出	OUT
FN50	计时器	DELAY
FN55	传送带计数器复位	CNVSYNC
FN67	固定工具号码选择	STOOL

指令号	含义	指令
FN74	储存姿势文件	POSESAVE
FN75	代入整数变数	LETVI
FN76	代入实数变数	LETVF
FN77	代入文字列变数	LETVS
FN80	程序调用	CALLP
FN81	附带条件程序调用	CALLPI
FN82	附带次数条件程序调用	CALLPN
FN83	程序转移	JMPP
FN84	附带条件程序转移	JMPPI
FN87	附带条件机身转移	FCASEI
FN88	机身转移终端	FCASEEND
FN90	行跳跃	GOTO
FN91	行调用	GOSUB
FN92	结束	END
FN99	说明	REM
FN100	连续的输出信号 ON/OFF	SETO
FN101	文字列输出	PRINT
FN105	输出信号	SETM
FN150	短时定时器延迟	STIMER
FN157	代入实数变数（各轴角度）	GETANGLE
FN252	输入暂停指令	PAUSEINPUT
FN264	复数输出信号	MULTIM
FN271	文字列输入	INPUT
FN275	基角移动	LOCCVTS
FN276	传送待寄存器	GETCNVYREG
FN277	数字输入速度超驰	SPDDOWND
FN278	数字输出	DOUT

指令号	含义	指令
FN280	距离指定输出信号	DPRESETM
FN288	手腕姿势限制切换	WRISTLIM
FN295	机器人校准	DYNCALIBR
FN312	区域总线解除	FBUSREL
FN337	传送带视觉要求	VCREQ
FN338	传送带视觉移动	VCSFT
FN400	程序跳跃（至外部 BCD 程序）	JMPPBCD
FN401	程序跳跃（至外部 BIN 程序）	JMPPBIN
FN402	程序召回（外部 BCD 程序）	CALLPBCD
FN403	程序召回（外部 BIN 程序）	CALLPBIN
FN407	外部轴线移动	RELMOV
FN410	点动	ICH
FN411	退回	RTC
FN412	气体 ON	GS
FN413	气体 OFF	GE
FN438	伺服开	SPN
FN439	伺服关	SPF
FN450	系统外启动	FORK
FN451	系统外启动（输入）	FORKI
FN454	系统外调用	CALLFAR
FN455	系统外调用（输入）	CALLFARI
FN456	系统外调用（次数）	CALLFARN
FN525	输入信号等待（正逻辑）	WAITI
FN526	输入信号等待（负逻辑）	WAITJ
FN671	Call User Task Program	CALLMCR
FN672	Fork User Task Program（Time）	FORKMCRTM
FN682	程序跳转（频率）（可变量）	JMPPNV

10.2.2 轨迹描绘举例

如图 10-6 所示，使机器人从位置 1 运动至位置 5，作为移动命令记录各位置。为让位置 6 与位置 1 相同，需进行位置的重叠记录。

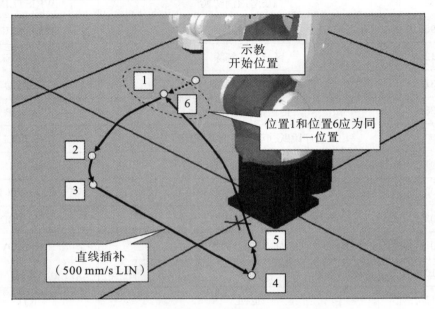

图 10-6 运动轨迹

程序如图 10-7 所示。

```
[1] 机器人程序                                          UNIT1
        5.0 %        JOINT  A1  T1
  0  [START]
  1    100 %         JOINT  A1  T1
  2    100 %         JOINT  A1  T1
  3    100 %         JOINT  A1  T1
  4    500 mm/s      LIN    A1  T1
  5    100 %         JOINT  A1  T1
  6    100 %         JOINT  A1  T1
  7  END                           FN92,终端
[EOF]
```

图 10-7 程序举例

轨迹描绘可按表 10-8 所示过程进行。

表 10-8　轨迹描绘举例

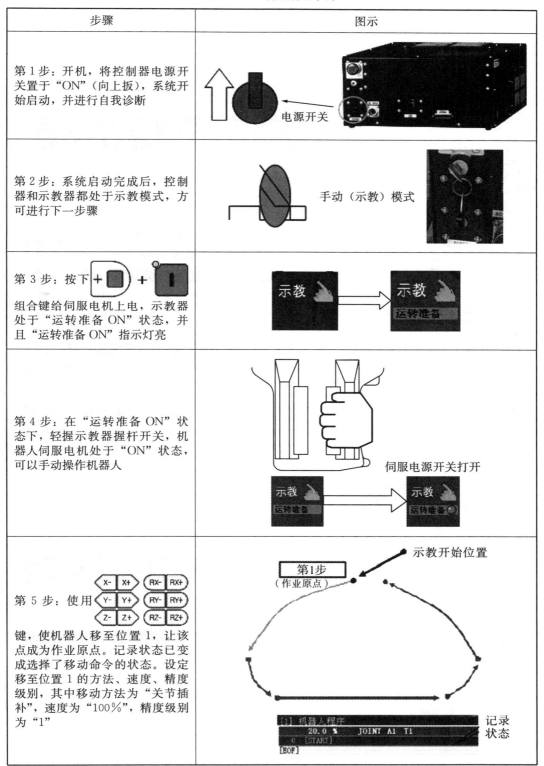

步骤	图示
第1步：开机，将控制器电源开关置于"ON"（向上扳），系统开始启动，并进行自我诊断	电源开关
第2步：系统启动完成后，控制器和示教器都处于示教模式，方可进行下一步骤	手动（示教）模式
第3步：按下组合键给伺服电机上电，示教器处于"运转准备 ON"状态，并且"运转准备 ON"指示灯亮	示教　→　示教　运转准备
第4步：在"运转准备 ON"状态下，轻握示教器握杆开关，机器人伺服电机处于"ON"状态，可以手动操作机器人	伺服电源开关打开　示教　运转准备　→　示教　运转准备
第5步：使用键，使机器人移至位置1，让该点成为作业原点。记录状态已变成选择了移动命令的状态。设定移至位置1的方法、速度、精度级别，其中移动方法为"关节插补"，速度为"100%"，精度级别为"1"	示教开始位置　第1步（作业原点）　[1] 机器人程序　20.0 %　JOINT A1 T1　0 [START]　[EOF]　记录状态

续表

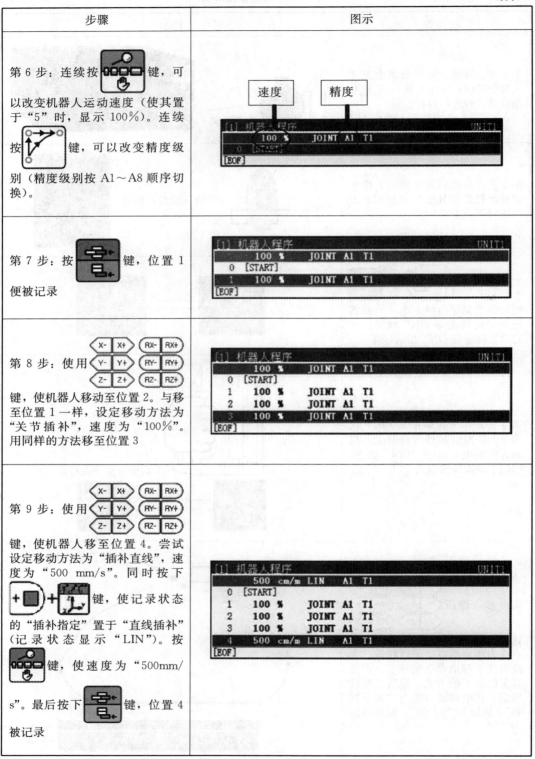

步骤	图示
第 6 步：连续按 ⬚⬚⬚⬚ 键，可以改变机器人运动速度（使其置于 "5" 时，显示 100%）。连续按 ⬚⬚⬚⬚ 键，可以改变精度级别（精度级别按 A1～A8 顺序切换）。	速度　精度 [1] 机器人程序　　　　　　　UNIT1 100 %　JOINT A1 T1 0 [START] [EOF]
第 7 步：按 ⬚⬚⬚ 键，位置 1 便被记录	[1] 机器人程序　　　　　　　UNIT1 100 %　JOINT A1 T1 0 [START] 1 100 %　JOINT A1 T1 [EOF]
第 8 步：使用 X- X+ RX- RX+ / Y- Y+ RY- RY+ / Z- Z+ RZ- RZ+ 键，使机器人移动至位置 2。与移至位置 1 一样，设定移动方法为 "关节插补"，速度为 "100%"。用同样的方法移至位置 3	[1] 机器人程序　　　　　　　UNIT1 100 %　JOINT A1 T1 0 [START] 1 100 %　JOINT A1 T1 2 100 %　JOINT A1 T1 3 100 %　JOINT A1 T1 [EOF]
第 9 步：使用 X- X+ RX- RX+ / Y- Y+ RY- RY+ / Z- Z+ RZ- RZ+ 键，使机器人移至位置 4。尝试设定移动方法为 "插补直线"，速度为 "500 mm/s"。同时按下 ⬚ + ⬚ 键，使记录状态的 "插补指定" 置于 "直线插补"（记录状态显示 "LIN"）。按 ⬚⬚⬚⬚ 键，使速度为 "500mm/s"。最后按下 ⬚⬚⬚ 键，位置 4 被记录	[1] 机器人程序　　　　　　　UNIT1 500 cm/m LIN　A1 T1 0 [START] 1 100 %　JOINT A1 T1 2 100 %　JOINT A1 T1 3 100 %　JOINT A1 T1 4 500 cm/m LIN　A1 T1 [EOF]

续表

步骤	图示
第10步：按 X- X+ RX- RX+ Y- Y+ RY- RY+ Z- Z+ RZ- RZ+ 键，使机器人移至位置5。移动方法为"关节插补"，速度为"100%"。按 + ■ + 键，使记录状态的"插补指定"置于"JOINT"。按 键，使速度为"100%"。按 键，记录下位置5	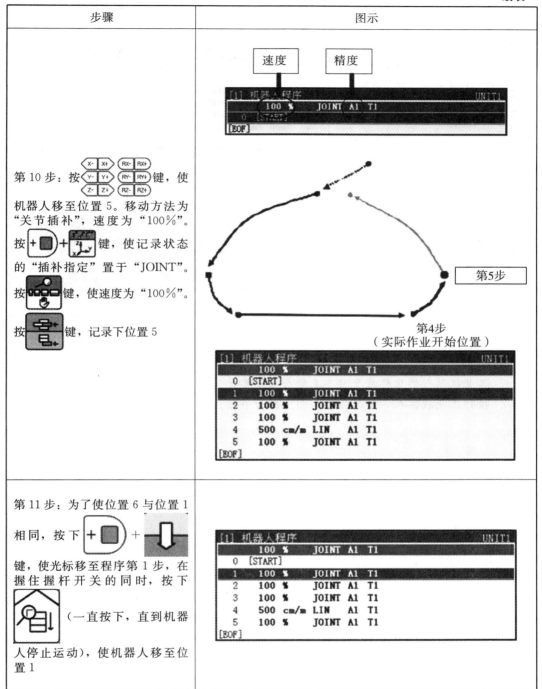
第11步：为了使位置6与位置1相同，按下 + ■ + ↓ 键，使光标移至程序第1步，在握住握杆开关的同时，按下 （一直按下，直到机器人停止运动），使机器人移至位置1	

续表

步骤	图示
第12步：按下 ■ + ↓ 键，使光标移至程序段第5步，再按下 ■ + END 键，终端命令便被记录，作业程序的编写至此结束。接着，确认机器人的动作、姿态等是否符合操作者要求	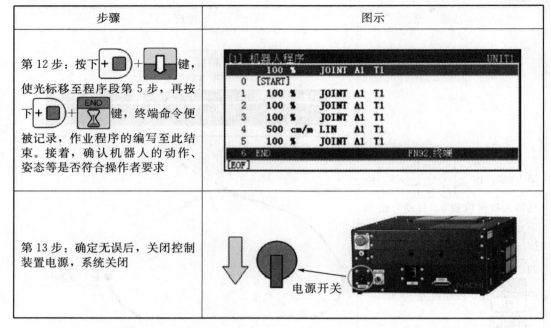
第13步：确定无误后，关闭控制装置电源，系统关闭	电源开关

思考题

1. 工业机器人的坐标系有哪些类型？简述其含义。
2. 操作工业机器人，使其在一平面上画一个圆。

任务 11　那智工业机器人仿真软件

【知识点】
了解那智工业机器人虚拟仿真软件的功能。

【技能点】
掌握那智工业机器人仿真软件的安装与使用方法。

11.1　FD on Desk 简介

11.1.1　FD on Desk 的主要功能

FD on Desk 是那智不二越公司开发的面向 CFD 控制器的离线编程的仿真软件，能安装在计算机上，运行机器人系统控制装置的软件，模拟 CFD 控制装置的显示功能，执行常数设定、程序编制及远程监视等所有 CFD 控制装置的操作，也支持离线示教等功能。

操作人员通过该软件可以在没有工业机器人实体的情况下进行离线操作，或者用其代替示教器。

11.1.2　FD on Desk 的主要性能特点

①具有 CFD 控制装置的示教器的所有功能，可以在计算机中模拟示教器的显示以及按钮操作。

②可通过连接控制装置，远程监控机器人的运行状态，也能对 CFD 控制装置参数进行设定。

③可进行作业程序的离线示教。

④可设定 PLC 程序。

⑤可以在计算机上简单地再现实体设备的状态。

⑥可进行高精度的循环周期模拟。

11.2 软件的安装与激活

11.2.1 软件的安装

FD on Desk 软件的安装和一般软件的安装是相同的，按提示一步步操作即可。

11.2.2 软件的激活

FD on Desk 软件有不同版本，现以 Light 版本为例对软件激活做简单介绍。在激活之前，需连接好硬件，并设置 IP 地址，使计算机和控制装置处在同一网络内，如图 11-1 所示。

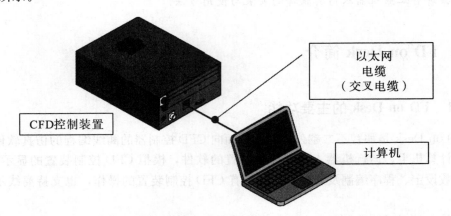

以太网
电缆
（交叉电缆）

CFD控制装置

计算机

图 11-1 硬件的连接

计算机与控制装置的 IP 地址设置如表 11-1 所示。

表 11-1 IP 地址设置

计算机	IP 地址	192.168.1.1
	子网掩码	255.255.255.0
CFD 控制装置	IP 地址	192.168.1.2
	子网掩码	255.255.255.0

计算机 IP 地址的具体设置步骤如表 11-2 所示。

表 11-2　计算机 IP 地址设置

步骤	图示
第 1 步：在"控制面板"中双击"网络连接"图标，打开"本地连接"	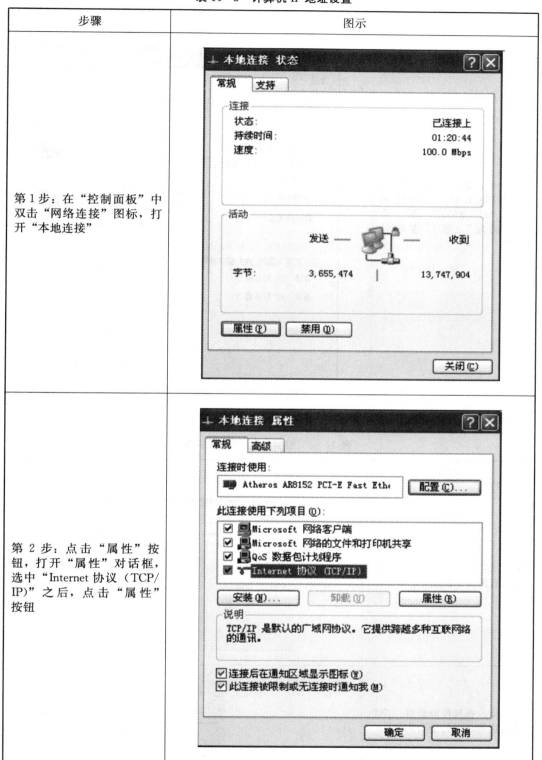
第 2 步：点击"属性"按钮，打开"属性"对话框，选中"Internet 协议（TCP/IP）"之后，点击"属性"按钮	

113

续表

步骤	图示
第 3 步：将 IP 地址设为"192.168.1.1"，子网掩码设为"255.255.255.0"，点击"确定"，然后重启计算机	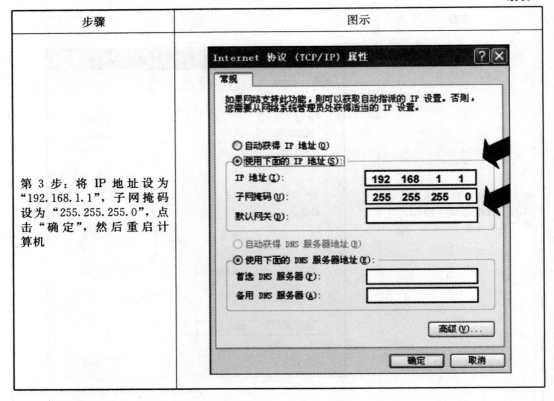

控制装置 IP 地址的具体设置步骤如表 11-3 所示。

表 11-3 控制装置 IP 地址设置

步骤	图示
第 1 步：启动 FD on Desk，显示右图所示画面	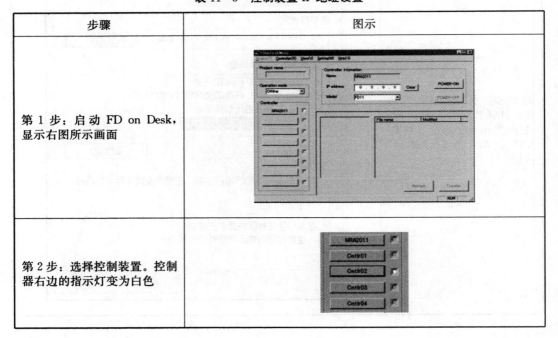
第 2 步：选择控制装置。控制器右边的指示灯变为白色	

步骤	图示
第3步：在控制装置IP地址栏输入IP地址"192.168.1.2"	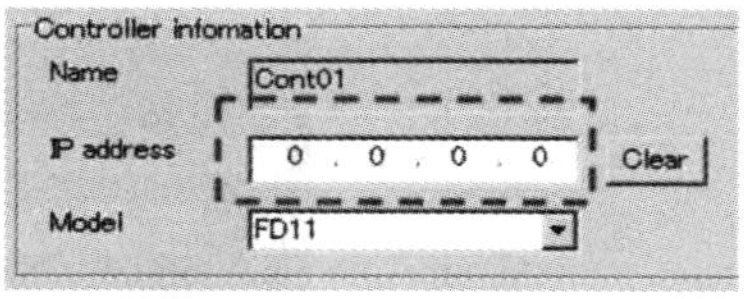

11.3 仿真软件的运行

11.3.1 仿真软件运行模式

①视图模式。该模式下，计算机上直接显示示教器的屏幕和按钮界面；计算机键盘也可以作为示教器的键盘使用，可以在计算机端更改控制装置的参数。

②监视模式。该模式下，通过计算机画面可以远程监视所连接的控制装置的输入/输出信号和机器人的姿势。

③离线模式。该模式下，无须连接CFD控制装置，可在计算机端单独操作。这种模式是该软件的常用模式，它能够利用三维模型代替真实的机器人进行编程实验，可以大大节约成本与时间。

11.3.2 仿真软件操作举例

下面以让仿真软件里的机器人动起来为例，说明仿真软件的基本使用方法，如表11-4所示。

表11-4 仿真软件操作举例

步骤	图示
第1步：双击计算机桌面上的"FD on Desk light"图标	

步骤	图示
第 2 步：点击"offline"（离线）	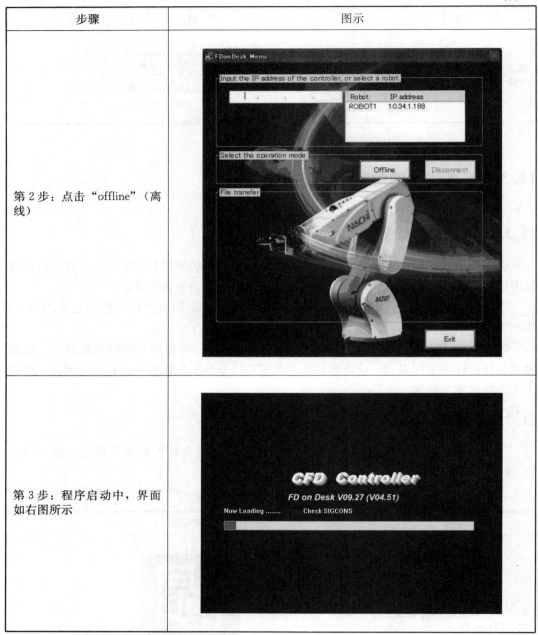
第 3 步：程序启动中，界面如右图所示	

续表

步骤	图示
第4步：启动完成后将会出现如右图所示界面	

步骤	图示
	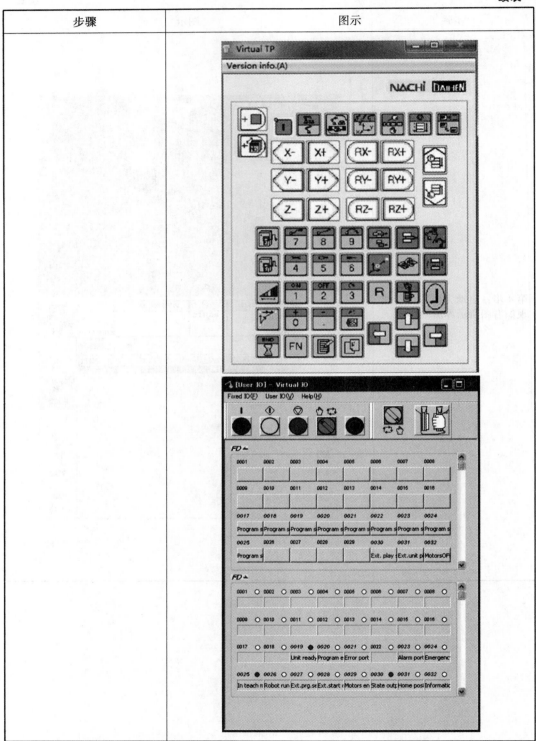

续表

步骤	图示
第 5 步：为控制装置上电。在右图所示面板中，按照图示顺序依次点击相应的按钮或者旋钮	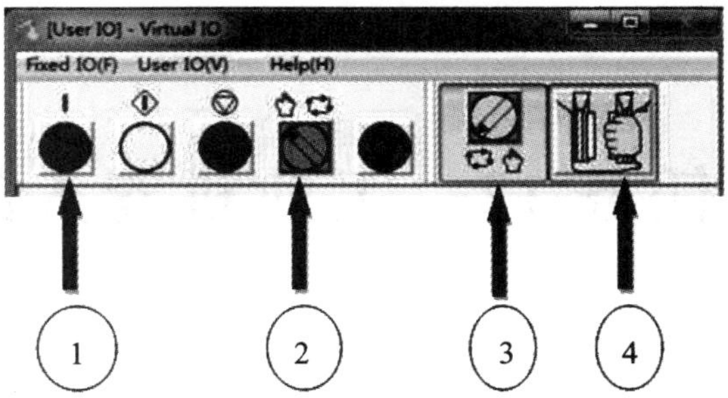 1 号按钮：控制装置上的启动开关 2 号旋钮：示教器上的手动与自动运行模式切换 3 号旋钮：控制装置上的手动与自动运行模式切换 4 号握杆开关：示教器上的运转准备开关
第 6 步：为机器人上电，同时按下示教器上的“动作可能”按键和“运转准备 ON”按键，这时示教器的左上角会显示“运转准备”提示	按键： 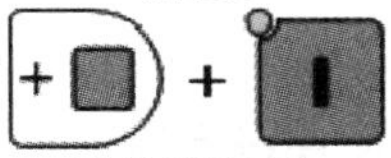 示教器提示： 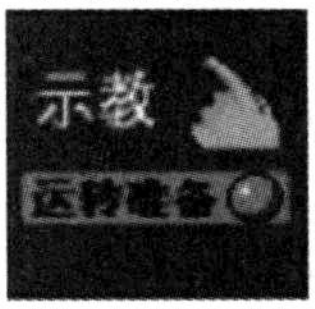
第 7 步：按几次坐标转换按钮，使机器人按轴坐标系运行	按钮： 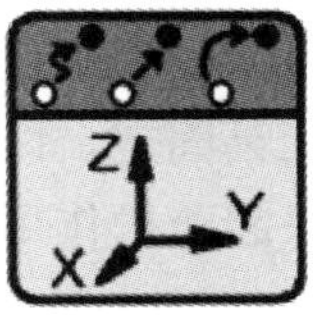 示教器提示： 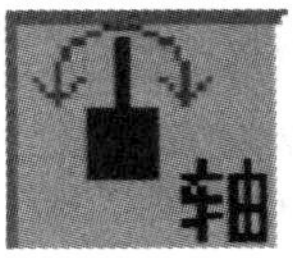
第 8 步：按下轴操作按钮，试着让机器人动起来	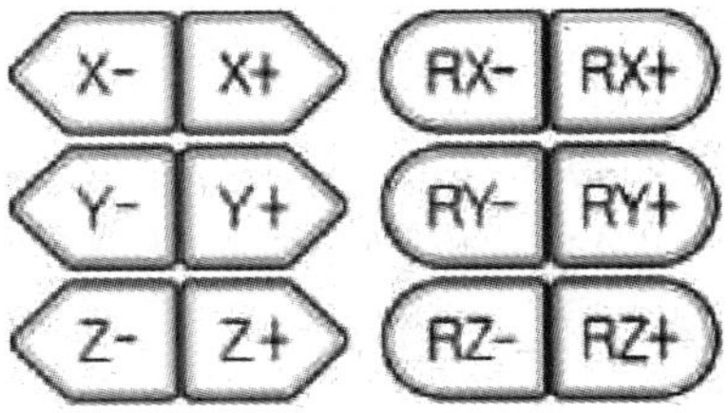

练习题

启动 FD on Desk 仿真软件，描绘一段轨迹。

学习模块四　工业机器人安装与维护

任务 12　工业机器人的运输与安装

【知识点】
了解运输和安装工业机器人的注意事项。
【技能点】
掌握工业机器人的运输和安装方法。

12.1　工业机器人的运输

12.1.1　工业机器人的包装

1. 包装注意事项

①工业机器人一般采用木箱包装，包括底板和外壳。

②包装箱与产品的重量都由底板承载，底板同时也是吊装和搬运的受力部分。底板与工业机器人之间应有工具固定，以避免在运输过程中机器人在箱内因摆动而损坏。

③箱体外壳及上盖只起防护作用，承重有限。包装箱不能倾斜或倒置，不能淋雨。

2. 拆包注意事项

①拆开包装前先检查外包装是否有破损，是否有进水等异常情况，如有问题应马上联系物流公司及生产厂家处理。

②使用专业拆卸工具，先拆盖，再拆壳，注意不要损坏箱内物品。

③最后拆除工业机器人与底板间的固定物，使其与底板分离。应尽量保证箱体完整，以便后续重复使用。

3. 清点装箱物品

①根据装箱清单清点物品是否齐全，同时检查物品有无损坏。

②箱内主要物品有：机器人本体、控制柜、示教器、连接线缆、电源等。

③箱内配套物品包括：安全说明书、出厂清单、基本操作说明书和装箱清单等。

12. 1. 2　工业机器人的搬运

①搬运机器人本体时可以利用叉车。

②应将机器人固定在托盘上，托盘强度必须达到搬运要求。

③遵守安全规定，低速搬运。

④搬运机器人前，要将机器人变更到适合运输的姿态，利用吊环螺栓及指定的运输设备运输。

⑤移动或卸放机器人时，应慢慢移动，小心谨慎。

⑥将机器人放到地面时，注意不要让机器人下部的设置面与地面发生强烈的碰撞。

⑦不能用指定设备及方法以外的手段进行运送。

⑧如机器人上安装有其他设备，机器人的重心可能会改变，提升机器人时会有危险。

⑨搬运作业途中，不能倚靠在机器人本体上。

12. 2　工业机器人的安装

12. 2. 1　工业机器人的地面安装

①不同型号的工业机器人的旋转力矩、螺栓尺寸、紧固力矩等不同，须根据具体型号查阅相关技术资料，确定安装的技术细节。

②将机器人直接安装在地面上时，必须先把基座安装在地面上。基座须固定在合适厚度的专用铁板上，预埋入混凝土地板中，或者固定在预埋地脚螺栓上。钢板应足够稳固，才能承受机器人在运动时手臂产生的反作用力。

12. 2. 2　工业机器人的架台安装

架台安装的步骤和方法，与直接安装在地面上类似。但需注意，不同型号的工业机器人的旋转力矩、架台质量、螺栓尺寸、紧固力矩等不同，须查阅相关安装手册。

12. 3　工业机器人工具快换装置

工业机器人通过系统编程可自动更换不同的末端执行工具和外围设备，增强工业机器人的柔性。末端执行工具和外围设备主要是点焊焊枪、抓手、气动和电动机等。先进的工业机器人系统安装有工具快换装置。

工具快换装置可自动更换单一功能的末端执行工具，代替原来笨重复杂的多功能工装执行器。其优点是可以在非常短的时间内完成生产线工具、维护和修理工具等的快速更换，大大降低非工作时间。它使单个机器人能够在制造和装备过程中交替使用不同的

末端执行器增加柔性，被广泛应用于自动点焊、弧焊、材料抓举、冲压、检测、卷边、装配、材料去除、毛刺清理、包装等操作。

此外，工具快换装置在一些重要的应用中能够为现有工具提供备份，有效避免意外事件发生而浪费工作运行时间。同时，该装置还被广泛应用在一些非机器人领域，包括托台系统、柔性夹具、人工点焊和人工材料抓举等。

思考题

1. 简述工业机器人的运输注意事项。
2. 简述工业机器人工具快换装置的特点。

任务 13　工业机器人常规维护与保养

【知识点】
了解工业机器人常规维护与保养注意事项。
【技能点】
掌握工业机器人常规维护与保养方法。

13.1　常规维护

13.1.1　日常维护

一般来说，在工业机器人日常维护中，需要经常进行的是检查自动位置是否错位。如果出错，就需要及时调试，使自动位置恢复正常。另外，还应检查电机设备是否出现异常状况，例如不正常发热、异响等。

13.1.2　定期维护

每隔三个月，就需要对工业机器人本体进行清理，清除灰尘、油污，保证设备清洁。同时，应检查机器人各部位润滑油及电池是否需要更换、添加；检查线路是否出现损坏；检查螺丝是否紧固，是否存在螺帽松脱的情况；检查机器人的减速机是否存在发热异常、异响等情况。如果发现异常情况，应及时解决。

13.1.3　长期维护

工业机器人运行每满一年，就需要检查其制动系统是否正常。同时还需检测减速机、平衡器等配件的运行状况。如果采购并使用了选购件，还需检查配套选购件是否正常工作。

如果没有发现异常，那么只需要进行一定的保养工作即可，而一旦发现异常，就应该及时解决，避免工业机器人出现更加严重的故障。

13.2 常规保养

13.2.1 文件备份

1. 复制与备份的区别

控制系统可备份内部存储器的全部文件。其与文件复制有不同之处，主要区别有：①不需要每次都选择复制的对象文件；②即使指定复制全部文件，也复制不了选购项保护信息等重要参数。

注意：备份不复制系统，建议使用外部存储装置作为备份装置。如备份到内存，必须确保内存有足够空间。

2. 备份操作步骤

备份操作的具体步骤如表 13-1 所示。

表 13-1 备份操作步骤

步骤	图示
第1步：在示教器"文件操作"下选择"备份"，按回车键，画面如右图所示。使用 ⇦⇧⇨⇩ 键，移动光标到要选择的位置（目标文件夹名称可以提前创建）	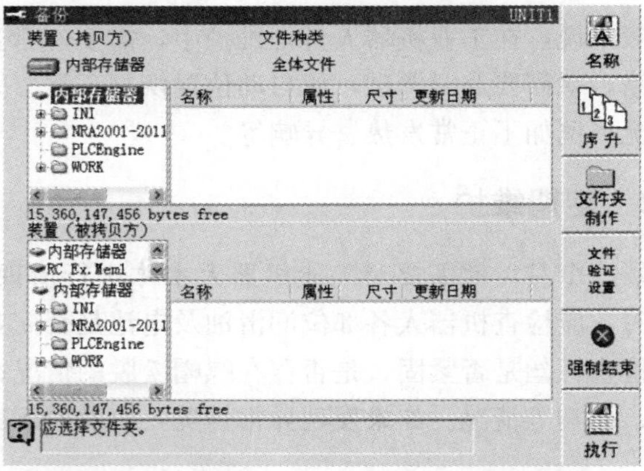
第2步：在装置（被拷贝方）选择栏选择"RC 外部存储器 1"，移动光标至文件夹选择栏，选择备份目标文件夹，按回车键，再按 F12，确认执行。备份结束后，按任意键退出即可	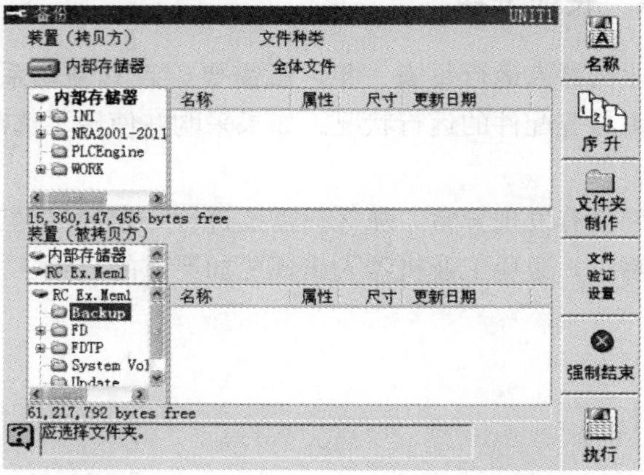

13.2.2 更换电池

1. 更换电池注意事项

工业机器人通常使用锂电池作为编码器数据备份用电池。电池电量下降超过一定限度，则无法正常保存数据。

①电池每天运转 8h 的状态下，应每 8 年更换一次。

②电池保管场所应该选择避免高温、高湿，不会结露且通风良好的场所。建议在常温且温度变化较小，相对湿度在 70% 以下的场所进行保管。

③更换电池时，应在控制装置通电状态下进行。如果电源处于未接通状态，则编码器会出现异常，此时，需要执行编码器复位操作。

④已使用的电池应按照所在地区的分类规定，作为"已使用锂电池"废弃。

⑤电池电压下降到一定限度时，在控制装置上会提示电压不足，此时应立即更换电池。

⑥所需工具：M4 扭矩扳手、双面胶、钳子、电缆扎带。

2. 更换步骤

①接通控制电源。

②按下紧急停止按钮。

③拆下 BJ1 面板电池组安装板的安装螺栓（见图 13-1）。

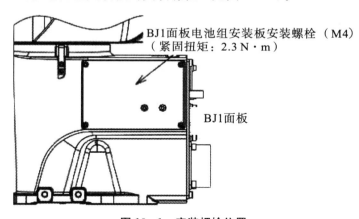

图 13-1 安装螺栓位置

④从 BJ1 箱中拉出电池组。

⑤拆下电池连接器 CNBAT12、CNBAT34、CNBAT56。此时会发出编码器电压不足警报，无须理会，继续下一步操作。

⑥拆下电缆扎带，从电池盒中取出电池组，如图 13-2 所示。

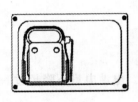橙色电缆扎带可以重复使用，请勿切断

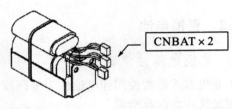CNBAT × 2

图 13-2　取出电池组

⑦安装新的电池后，扎稳固定。

⑧连接接口。

⑨将 BJ1 面板放回原位，用螺栓紧固。

思考题

1. 工业机器人常规维护有哪几种方式？

2. 简述那智工业机器人如何进行文件备份？

参考文献

高永伟. 工业机器人机械装配与调试 [M]. 北京：机械工业出版社，2017.

贾宗太. 机械基础 [M]. 北京：航空工业出版社，2015.

李福运，林燕文，魏志丽. 工业机器人安装与调试教程 [M]. 北京：北京航空航天大学出版社，2016.

李世维. 机械基础（机械类）[M]. 2 版. 北京：高等教育出版社，2006.

刘朝华. 工业机器人机械结构与维护 [M]. 北京：机械工业出版社，2020.

芦锦波. 传感器技术应用 [M]. 北京：机械工业出版社，2013.

马振福. 液压与气压传动 [M]. 2 版. 北京：机械工业出版社，2008.

彭敏，滕少锋. 机械基础 [M]. 长春：吉林大学出版社，2015.

屈圭. 液压与气压传动 [M]. 北京：机械工业出版社，2002.

沈向东，李芝. 液压传动 [M]. 北京：机械工业出版社，2009.

王志强. 工业机器人应用编程（ABB）· 初级 [M]. 北京：高等教育出版社，2020.

向晓汉. 西门子 S7-200 PLC 完全精通教程 [M]. 北京：化学工业出版社，2012.

许翏. 电机与电气控制技术 [M]. 北京：机械工业出版社，2015.

杨亚平. 电工技能与实训 [M]. 2 版. 北京：电子工业出版社，2005.

于彤. 传感器应用 [M]. 北京：人民邮电出版社，2010.

张小红，杨帅，孙炳孝. 工业机器人安装与调试 [M]. 北京：机械工业出版社，2019.

周建清. PLC 应用技术 [M]. 北京：机械工业出版社，2007.